浙江省高等教育重点教材

基础设计

Basic Design

产品形态创意

李锋　潘荣　陆广谱　编著

中国建筑工业出版社

图书在版编目（CIP）数据

基础设计——产品形态创意/李锋，潘荣，陆广谱编著.
北京：中国建筑工业出版社，2010.11
（浙江省高等教育重点教材）
ISBN 978-7-112-12469-5

Ⅰ.①基… Ⅱ.①李…②潘…③陆… Ⅲ.①产品－设计
Ⅳ.①TB472

中国版本图书馆CIP数据核字（2010）第181627号

责任编辑：李晓陶
责任设计：赵明霞
责任校对：姜小莲 刘 钰

浙江省高等教育重点教材
基础设计
——产品形态创意
李锋 潘荣 陆广谱 编著
*
中国建筑工业出版社出版、发行（北京西郊百万庄）
各地新华书店、建筑书店经销
北京嘉泰利德公司制版
北京中科印刷有限公司印刷
*
开本：787×1092毫米 1/16 印张：10¼ 字数：256千字
2010年11月第一版 2010年11月第一次印刷
定价：42.00元
ISBN 978-7-112-12469-5
（19732）

前 言

我们对工业设计的学习通常是从构成课开始，到产品设计课结束，然而从纯粹的形态构成等到实际的产品设计，这是一个很大的跨越。构成是将形态本身当作鉴赏对象来研究，探讨形态所具有的共性特征，是一种没有明确目的的纯粹的形态创造；而产品设计是一种“有目的的构成”，它是从功能和使用的角度来确定形态的，带有很强的目的性，因而这两者之间存在着很大的距离，联系这两者的桥梁就是产品基础形态设计。

在很多情况下，构成教学本身没有与专业设计教育建立很直接的联系；而后续的产品设计课程往往是一上来便要求设计很具体的产品，课题有着非常明确的目的和众多实际要求的限制，所以这个中间就很有必要设置一个衔接性的课程，进行一些过渡性的训练。

“产品基础形态设计”正是作为这样一个环节与纽带而产生的，所谓产品基础形态设计，是以研究基础形态的创造、变化以及形态与功能、构造、材料等关系为内容的课程，通常也直接简称为“基础设计”。

因而产品基础形态设计在整个工业设计教学体系中占有非常重要的地位。学生在学习的过程中，面对具体的产品设计课题，往往很善于天马行空的畅想，但是却不知道如何去结合材料、结构、工艺等方面的问题来进一步深化、完善设计。很多毕业生在参加实际工作后，反映出来的最大问题也在于此，这在很大程度上是因为在产品基础形态设计这个环节上的训练不够。

从“构成”到“基础设计”再到“产品设计”，这是一个循序渐进、环环相扣的过程。对设计能力的训练来说，它们是一个有机的整体，缺一不可。在这个过程中，形态创造的自由度逐渐减小，设计的功能、目的性逐渐明确。在西方现代设计史中，构成主义运动的代表人物塔特林最终成为了工业设计师，证明了从构成到产品设计的相通性。

本书由浙江理工大学李锋、潘荣、湖州师范学院陆广谱共同编写。本书包含了作者在产品基础形态设计教学过程中的探索与尝试，也结合了产品设计实践中的经验与心得，抛砖引玉，供广大工业设计专业的师生和设计工作者参考。由于时间和水平所限，书中难免会有不足、不妥之处，恳请广大读者批评指正。

本书在撰写过程中，得到了很多朋友、同事、同行和前辈的支持与指导。江南大学于帆教授为本书提供了很多宝贵的意见；浙江传媒学院吴丹老师为本书的编写做了很多基础性的工作；浙江理工大学工业设计系研究生蒋之炜和毕业生胡贝也为本书资料的收集和汇总做了很多工作，本书的出版还得到了中国建筑工业出版社的大力支持，我们谨在此表示由衷的感谢。同时本书也引用了一些图文资料，由于时间仓促，没有及时与作者取得联系，万望海涵，在此深表谢意，如有不妥之处，请与作者联系（E—mail：design@zstu.edu.cn）。

李 锋

2010 年 7 月

目　录

第1章 | 绪论

工业设计作为一种创造性的活动，它的主要任务之一是创造产品的形态，然而产品的形态并不是凭空产生的，它有一个产生、发展和形成的过程。因此，掌握如何创造美的产品形态的方法是工业设计学习的核心任务之一。在工业设计专业三大类别的课程设置中，专业基础课是联系学科基础课与专业课之间的桥梁和纽带，在这个阶段中完成了从纯粹无目的的形态构成到实际的产品设计的跨越，基础设计恰恰是其中最重要的课程之一。

本书主要阐述基础设计的含义，借由了解产品设计的基本要素及其构成原理，使读者在概念上区别基础设计与普通的构成课程。基础设计是工业设计专业的专业基础课程，本书通过对产品基础形态设计的内容（形态、功能、材料、构造等方面）的介绍与分析，明确实践应用的可行性与设计应用的必然性，使读者可以掌握基础设计研究的主要任务以及适用的研究方法，从而提高在设计创作时的形态审美能力，对扩大所设计产品的市场具有重要意义。

本书包含了作者在工业设计教学过程中的探索与尝试，也结合了具体的设计实践经验与心得，希望能够成为广大工业设计专业师生和设计工作者的参考书（图1–1）。

图1–1　基础设计是从构成走向产品设计的桥梁

1.1　课程的目的与意义

1.1.1　基础设计的含义

通常，我们所说的基础设计是“产品基础形态设计”的简称，是以研究基础形态的创造、变化以及产品的形态与功能、构造、材料等关系为内容的课程，是联系构成学与实际产品设计的桥梁。广义的基础设计，又可以称之为"基础造型"，它的任务是不追求特定目的而只探求无限的造型可能性，即所有形态创造领域中普遍存在的有关创造性、审美性、合理性的直观能力，同时它也包含了各造型相关专业初步的、基础性的内容。

构成主要是研究点、线、面、体及色彩等造型元素的运动变化规律，是将形态本身当作鉴赏对象来研究，探讨形态所具有的共性特征。在通常的教学中，构成与专业设计课程的联系比较薄弱，是一种没有明确目的的纯粹形态创造。而产品设计是从功能和使用的角度来确定形态的，带有很强的目的性，有着众多实际要求的限制，它是一种"有目的的构成"。从纯粹的形态构成到实际的产品设计，有一个很大的跨越，而联系这两者的桥梁就是基础设计（图 1–2）。

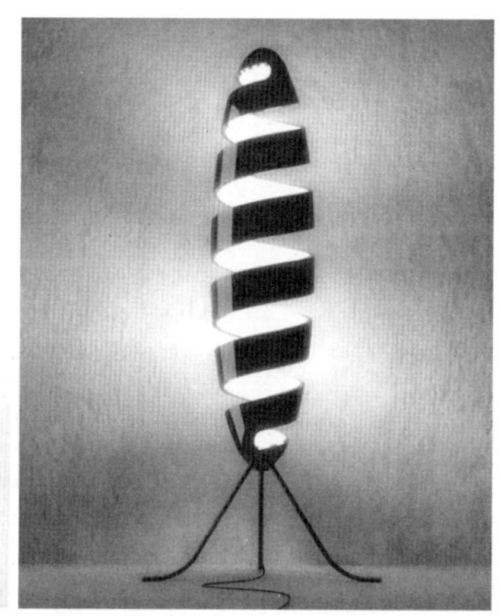

图 1–2　以基础形态为原型的产品设计

基础设计和单纯的构成不同，已经融入了产品设计的许多要素。基础设计的形态创新需要从具体的形态入手，充分理解形态自身的构成与变化规律，理解形态与产品功能、材料、结构、机构、加工工艺、使用环境等种种关系。基础设计的形态创新并不能随心所欲，产品是实现功能的载体，会受到严格的制约。因此，形态创新的自由度被产品的功能、结构、材料、制造工艺等因素所限定。

1.1.2　学习基础设计的意义

形态设计是工业设计的重要内容，任何客观的事物都以各自的形态存在，产品也不例外。好的形态能够给人带来美的享受，创造美的产品形态是工业设计师的重要工作内容。产品形态是产品功能、信息的载体，设计师使用特定的造型方法进行产品的形态设计，在产品中注入自己对形态的理解，使用者则通过形态来选择产品，继而获得产品的使用价值，所以形态是设计师、使用者和产品三者建立关系的一个媒介，形态设计在工业设计中有着重要的意义。

法国著名的符号学家皮埃尔 · 杰罗说："在很多情况下，人们并不是购买具体的物品，而是在追求潮流、青春和成功的象征"，也就是说，在很多情况下，人们对产品形态的关注已经甚于对功能的关注。在一个产品产生之初，产品的造型往往是由技术决定的，而随着产品的发展，它的技术逐渐成熟，功能也趋于完善。这个时候，产品的形态越来越多地体现出它的社会文化内涵。这不仅是好产品自身的需要，也是产品作为商品参与市场竞争的需要。在产品同质化时代，要想在激烈的商品竞争中处于优势，就必须考虑产品的形态，增加产品的感性价值，这是提高产品附加价值和市场竞争力的有效手段（图 1–3）。

图 1–3　产品能显示拥有者的身份和地位

"设计是带着镣铐跳舞"，这是我们经常打的一个比方，对于产品设计来说更是如此。也就是说，产品设计需要我们在一定的限制条件下，发挥形态创造的最大自由度。由于立体构成是纯粹的形态训练，所以我们如果仅仅用构成的方式来设计产品，而忽视功能、材料、构造等产品形态构成的基本要素，那么所设计的产品往往是天马行空、不着边际、没有实际的应用价值。同时，在基础设计中，我们并不要求对产品设计的诸如市场情况、使用环境和成本等具体的限制考虑过多，因为这样又会限制我们的思路，影响形态构想的创造能力的发挥。因此，产品基础形态设计的训练是在进行基础形态创造的同时，结合对产品的功能、材料、构造等关键要素的考虑，强调过渡性与衔接性，因而是从构成走向产品设计的桥梁。

1. 学习形态的美学意义

设计产品及其造型的目的是满足人的生理与心理需求，而人的需求随着社会的发展，会不断地发生变化。因而，对产品形态的研究与发展也将是无止境的。作为德国包豪斯创始人之一的格罗皮乌斯在其《全面建筑观》一书中指出："历史表明，美的观念随着思想和技术的改变而改变，谁要是以为自己发现了'永恒的美'，他就一定会陷于模仿和停滞不前。真正的传统是不断前进的产物，它的本质是运动的，不是静止的，传统应该推动人们不断前进。"产品形态的审美创造，其最终形态所体现出的审美功能有助于整个产品目的性和实用性的实现。美学的规律在任何时代都具有普遍的价值和意义，在学习研究产品基础设计的过程中，也要具备敏锐的审美驾驭能力和捕捉能力。产品形式美感的产生直接源于构成形态的基本要素，即点、线、面所产生的生理及心理反应，以及对点、线、面等形式意蕴的理解。而基础设计恰恰正是将构成的表层结构向深层转化的载体，不仅可以为产品功能的实现提供指引，而且它的物质形态和含义也具有审美功能。正因为没有永恒的美，我们学习基础设计也是一个不断创新成长的过程（图1-4 ～图 1-6）。

图 1-4　由点所组成的形态，可以随意改变的水晶灯

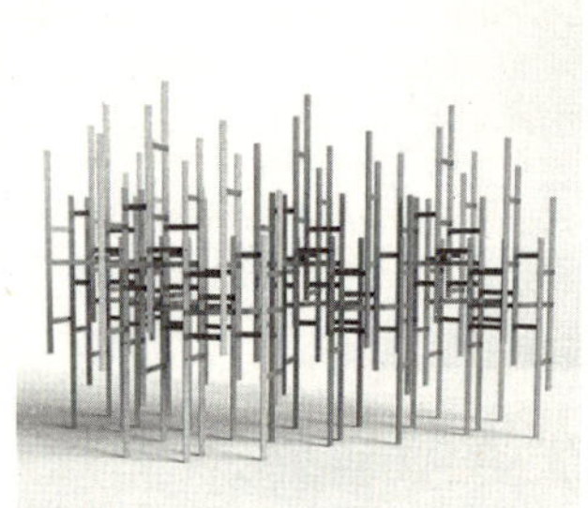

图 1-5　由线所组成的形态，时尚现代的屏风

图 1-6　由体所组成的形态

2. 学习形态的象征意义

基础设计，同样需要将各种设计要素有机地联系起来，在物质文明和科学技术高度发达的今天，人对产品的要求早已不再停留于简单的"实用"层面。消费者更要求产品具备一定的文化内涵、时代特征、审美情趣或象征意味等"实用"之外的元素。人们在选购产品的时候，不仅仅是考虑其实用的功能因素，更是在寻求一种文化、身份、个性的体现、交流以及认同。在对产品进行基础设计时，其特有的整体形态特征及文化内涵，在以人机工程学、设计心理学等学科为依据的设计理论基础上，运用特殊工艺，通过细节处理，产品的象征性可以通过视觉形态表达出来，达到意象与物象的统一（图 1-7）。

图 1-7 迪拜“三女神”住宅楼。在艺术史上三女神已经被当成永恒统一的象征，一个女神代表一种无拘无束的姿势，三者合起来则构成兄弟姐妹或者一群朋友，象征着快乐、美丽与魅力

3. 学习形态的市场意义

产品形态的设计应以市场为导向，了解不同群体、个体对产品的需要，“以人为本”进行创新设计。基础设计常利用特定的造型语言，例如，形体的分割与组合、材料的选择与搭配，以及结构、机构的创新等，以其特有的形态来传达设计师的设计思想与理念。而消费者在选购产品时也常常是通过其形态所表达出的某种信息内容来进行判断，衡量与其内心所希望的要求是否一致，然后才会作出购买的决定。当某一类产品在技术上的差异越来越小时，其形态就成为了市场销售中的关键因素。只有能打动消费者的，符合当代人们的价值观念和审美情趣的，具有文化内涵的产品形态才能增加产品的附加价值，提升企业形象，并最终提高企业的市场竞争力。

自改革开放以来，我国一直非常重视制造产业的发展，但是由于生产力水平与欧美发达国家相比还有一定差距，经济制度及产业制度还有待不断地发展与完善，因此，在一段时间内，中国制造并不能成为优秀产品的代名词。另一方面，由于外来文化的进入，西方社会的文化和审美观念在国内广为流行，生产企业为迎合这种“崇洋”的潮流，单纯抄袭外来的产品样式，没有建立起自己的风格。随着我国的制造产业走向世界，国际竞争不可避免，如何将中国制造转变为中国设计，走出一条具有中国特色、具备较强竞争力的设计之路，是一个我们应该认真思考的战略问题，而基础设计则将在其中扮演重要的角色（图 1-8）。

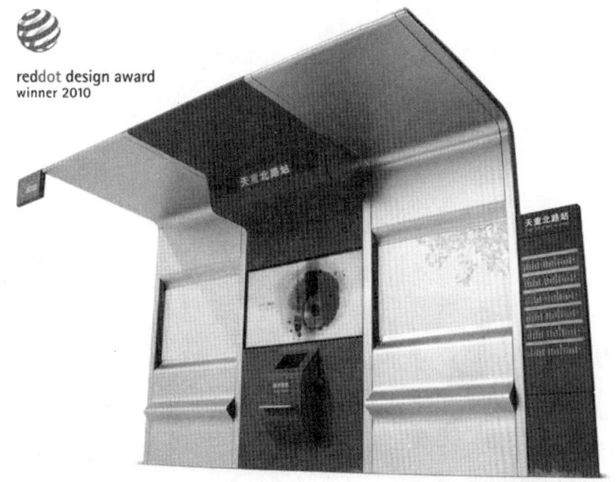

图 1-8 中国设计正走向世界

1.2 课程的内容与学习方法

1.2.1 基础设计的相关概念

产品的形态创造与艺术的形态创造有很大的不同，设计师在创造产品形态的过程中，不仅要创造出富于美感的形态，而且还要处理好形态与功能、形态与材料、形态与结构和机构、形态与工艺、形态与技术等的关系问题。我们说的设计师带着镣铐跳舞，就是从这个意义上来讲的。

产品设计的核心问题之一是产品的形态设计。好的形态能够给人们带来美的享受，而审美需要是人的客观需要之一，很多情况下，人们对产品形态的关注已经超过对功能的关注。作为一个产品，形态是功能的载体，而作为一个工业设计师，最主要的任务之一是完成产品的形态设计以及处理好形态与其他诸要素之间的关系。因而，形态设计在工业设计中起着举足轻重的作用。

1. 形态

(1) 形态的概念

形态、色彩、肌理是造型的三个要素，在这三者中，形态是最核心的问题，色彩和肌理则依附于形态而产生。在本书中，我们将主要探讨与形态相关的问题。

所谓“形态”，它包含了两层意思，即“形状”和“神态”。“形”通常是指一个物体外在的体貌特征，是物质在一定条件下可见的外在表现形式。“态”则是指物体内在呈现出的不同的精神特征，是蕴藏在物体内的“精神状态”。“形态”综合起来就是指物体外形与神态的结合。

任何物体都是“形”和“态”的综合体，它们之间是相辅相成、不可分割的统一体，是物体内部的力和来自外界的力共同作用的结果。形状是可见的，富有客观性，而神态是内在的，往往带有人的主观色彩，“仁者见仁，智者见智”。在设计的过程中，我们既要创造一个美的外形，同时还要赋予形体一个适合于它的美的神态，做到“形神兼备”。产品离不开一定的物质形式的体现，也就必然呈现出一定的形态，创造美的产品形态，是工业设计的主要任务之一（图 1–9）。

图 1–9 产品的形态

(2) 形态的分类

在我们的周围，充满了各种各样的事物，每个事物各具形态，因而形态可以说是千姿百态、包罗万象。世界上没有完全相同的两片树叶，形态亦是如此，然而在这林林总总的不同形态中，我们总可以发现某些形态具有一些共同的特征，基于这些共同的特征，我们将形态进行了分类。

总的来说，形态可以分为现实形态和概念形态。前者是人们可以直接感知的，如各种产品实物、动植物、自然山水等，也被称为具象形态。后者则只存在于人们的观念之中，必须依靠人们的思维才能被感知，比如几何图形、文字等，是抽象的、非现实的，也被称为抽象形态或纯粹形态。

现实形态按照其形成的原因，又可分为自然形态与人为形态。自然界客观存在的各种形态都是自然形态，它是人类所有艺术创造的源泉，是一切形态的根源。自然形态种类繁多、异彩纷呈，有具有生命力的有机形态和无生命力的无机形态。其中有机形态是最为活跃、富于生命力的形态，如自然界中的植物、动物，这些形态是生物在成长过程中形成的，大多以曲面或曲线呈现出饱满而柔和的美，充满生命的活力，比如人体就是很好的例子，人体的骨骼、肌肉都充满了形态的合理性与机能性。无机形态是自然界中各种没有生命的物质的形态，这些形态都是由物理的、化学的作用所形成的，如蜿蜒起伏的群山、川流不息的江水。它们与有机形态一起，构成了丰富多彩的自然形态。当然，在这里我们需要说明一下的是在形态的分类中，有机形态还有狭义和广义之分。狭义的有机形态，仅仅指有生命的物质所产生的形态；而广义的有机形态，则包括了所有具有生命感的形体，比如无机物中的鹅卵石、人类所创造的带有生物感的形态，都属于这一类，事实上广义范畴是对狭义范畴的一个扩展和引申（图 1–10、图 1–11）。

人为形态是人类在有目的的利用自然、改造自然的过程中所创造出来的，印刻着人类文明烙印的形态，表现出人类活动对环境产生的影响。人类利用自己的身体或一定的工具，对各种自然形态进行加工、处理后造就了无数的形态，如建筑、工具等。人造形态按其是否利用工具还可分为手工的和机械的两大类。人造物的形态是丰富的信息载体，无论何种人造形态，都或多或少地受到时代的生产力、生产关系、文化、宗教等因素的影响。人造形态的形成有两个重要的方面：一个是材料；另一个是工具。材料是构成形态的本体，工具则是塑造形态的手段。

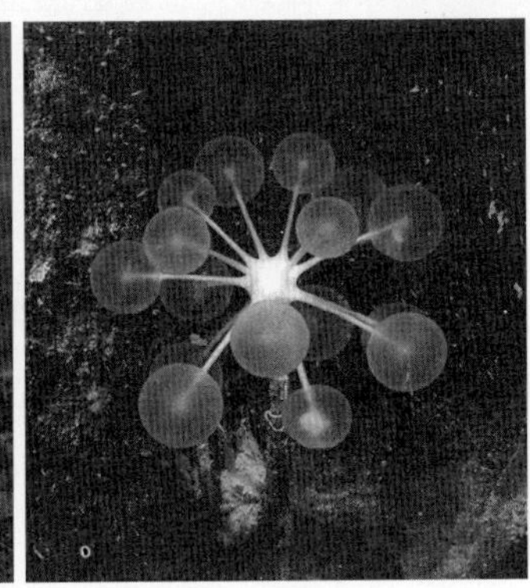

图 1–10　有机形态。充满生命力感的动植物形态

图 1-11　无机形态。丰富多彩的自然形态

图 1-12　人为形态

生产力的发展，在很大程度上也通过这二者的发展体现。同时，产品的功能、构造等也对人造形态的形成有着重要的影响。人类通过自身的活动，造就了大量的人为形态，工业产品就是其中非常重要的一类，我们学习产品设计的目的，也正是要创造美的形态，为人类的生产、生活服务，在本书中，我们将重点讨论人为形态（图 1-12）。

概念形态可分为几何形态和符号形态，它是经过精确定义和计算而做出的形体，具有庄重、明快、理性等特性。几何形态按其不同的形状可分为圆形、方形、三角形这三种类型。

1）圆形：包括平面圆、球体圆柱体、圆锥体、椭球体、椭圆柱体等。

2）方形：包括平面方形、正方体、长方体、正多面体等。

3）三角形：包括平面三角形、三角柱体、三角锥体等。

以上三者是构成几何形态的基础，其他复杂的几何形态，都可以由这三者合成。其中，圆是最完整最稳定的图形，球体是圆满、饱满的象征，形体表现柔和且富有弹性和动感。扁圆球体是球体的变形，有向外扩张之感，扁圆柱体既有柱体的率直性，又有轻、薄之感，却又充满张力，这些带有曲面形态的形体，具有很强的表现力。方形表现为庄重、刚强，棱线挺拔而富有力度，并且有很好的体量感。三角形是一种比较稳固的图形，在产品设计中，很多需要结构的稳定性好，故大多被设计成三角形，同时三角形具有比较尖锐的特性，从外部看，有一种向外扩张的感觉（图 1–13 ～图 1–15）。

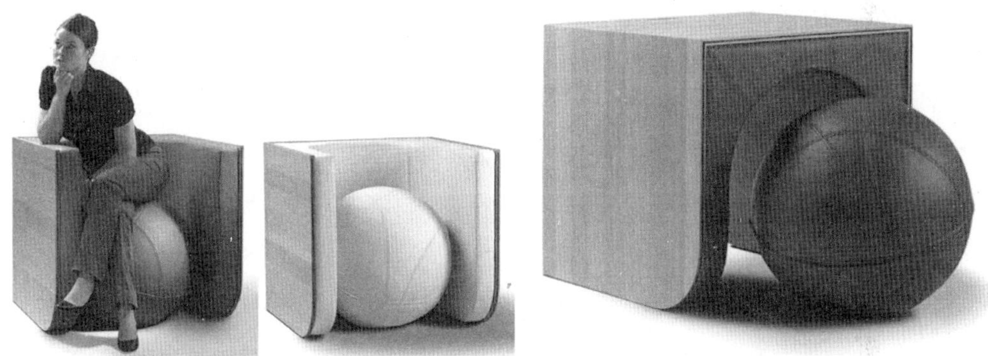

图 1–13　球体形态的产品外形（由 ellen ectors 设计的 swithch 家具是一款简单的生活用品，可自由组合，将球形物件移到 U 形物件中可创建一把椅子；将二者都平躺着摆放，便又组合成了一个凳子和一个桌子）

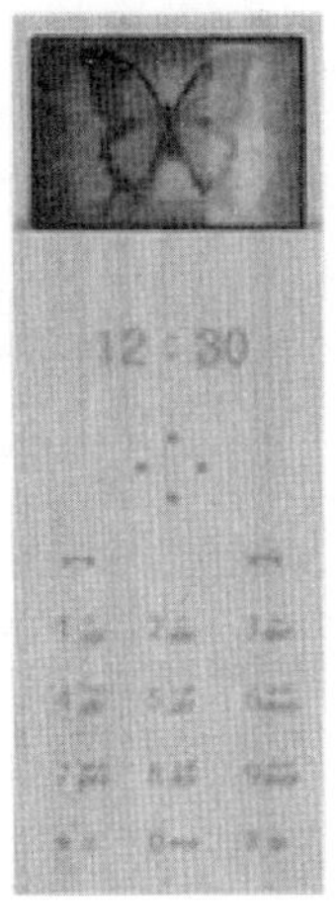

图 1–14　以方形为基础的手机设计

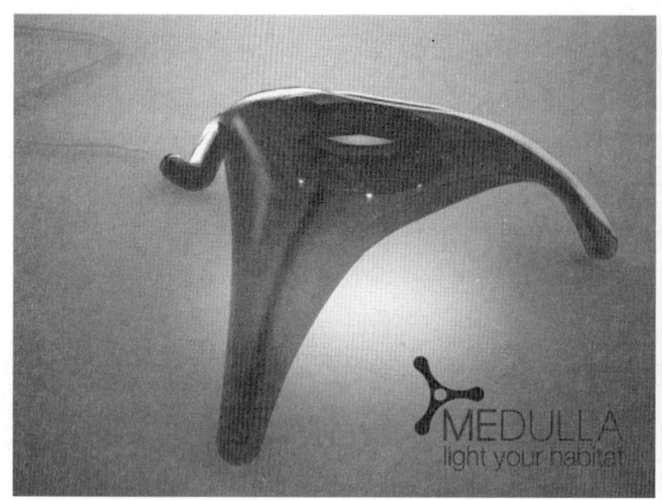

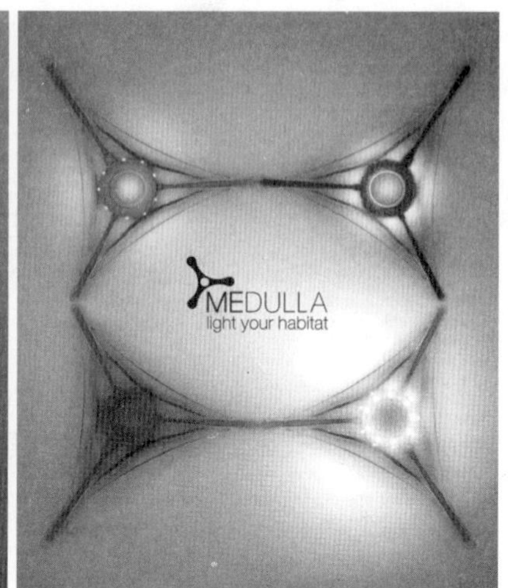

图 1–15　以三角形为基础的产品形态，Medulla 奇异防水灯

符号形态是对现实形态的一种抽象和概括，是一种表示成分（能指）与一种被表示成分（所指）之间的结合体。符号最初是语言学的概念，是指能有意义地完整表达事物的信息，语言、文字是最典型的符号系统，是随着人类的发展，因沟通、表达的需要而逐渐发展起来的。随着符号学研究的深入以及各个学科的互相渗透、综合发展，现在的符号学已经融入了人类学、心理学、社会学、形态学、传播学等内容。我们这里所讲的符号形态主要是指形态学范畴的。我们平常所接触的标志，就是平面性的符号形态，当我们看到一个企业的标志，我们自然而然会联想到这个企业的形象、产品等。产品的设计依托视觉符号向消费者传达产品语义，必然要将符号学原理应用到产品领域。产品造型中关于体现产品的象征性、如何使用、环境提示等内容的形态都属于符号形态。

虽然形态可以被划分成上述几个类别，但是各种形态之间也并不是孤立的，彼此之间仍然存在联系。

自然形态虽然千姿百态，但事实上各种有机形态和无机形态都蕴含着基本形态的原型。在几何学中，圆形是一个重要的基本形，而在自然界中，圆形也是无所不在的，可以说是最普遍的形体，宇宙中的星体是圆的、下落的水滴是圆的、鸟类的蛋是圆的……塞尚说："自然界的物象，都可还原简化为球形、圆锥形、圆柱形的构成。"他把自然界中繁杂的形态还原到单纯的形态之中，以数个几何形态代表所有形态的基本特征，这种对形态的观念给后人很大的启示。产品是一个现实的人造形态，但也往往以概念的几何形态出现，机箱是方的、车轮是圆的、支架是三角形的……而很多自然形态也都带上了人为的因素，比如经过人们塑造的观赏植物，它既有自然的属性，也带有人造的痕迹，已经很难说单纯是自然的还是人造的了。现实形态和概

图 1–16　以基本的几何体为基础的产品形态 Bram Boo 新品系列

念形态在很多情况下都互相交融在一起，我们也常常是通过概念形态来研究现实形态的。对于抽象形态中的几何形态和符号形态，它们之间一般是按“几何模型→图形→文字→符号”的顺序演化的，可以相互转化。其中，图形是将几何模型第一次抽象后的产物，是形象而直观的语言；文字语言是对图形的描述、解释与讨论；符号语言则是对文字语言的简化和再次抽象（图 1–16）。

任何一种分类，都是按照某一种原则进行的，所依据的原则不同，分类的形式也就不同了。从形态的维度来说，可以分为线性的一维形态、平面的二维形态、立体和空间的三维形态。如果加入时间的因素，还可以形成四维形态，三维动画就属于这一类，而几何上的点是没有纬度的。当然，在现实中，真正的一维形态和二维形态是不存在的，它们本身是一种概念化的形态，同时，这些不同维度的形态往往是相辅相成、共生共融的，很难单独分割开来。在本书中，限于篇幅，我们主要讨论的是三维立体形态。

另外，形态还有积极与消极之分。正如在平面图形中图与底的关系一样，在立体形态中，那些直观化的、占据实际空间的形体称为积极形态；而那些周围和内部包容积极形态的空间，则构成了消极形态。任何造型设计均是积极形态与消极形态的综合体。通过对积极形态和消极形态的研究、分析，利于人们在形态设计上充分利用实体对空间限定的影响，以创造富于虚实变化的立体形态。

相对于实际的立体形态而言，“空间”是一种无限、无形的概念，将空间转化成形态是有条件的，它需要有积极形态的界定。由实体（积极形态）所限定的虚体成为特定的空间（消极形态）。因此，积极形态界定了消极形态，消极形态依附于积极形态而存在。积极形态与消极形态的概念在特定的专业活动中，其意义和价值可以互为转换。

老子曰：“埏埴以为器，当其无，有器之用。凿户牖以为室，当其无，有室之用。是故有之以为利，无之以为用。”也就是说，用泥巴塑造出器物，这器物的本质便不再是泥巴，而是形成了“无”的空间，可以作为容器；同样，用实际可见的建筑材料进行构筑，可以形成虚体的空间供我们使用，也就是我们利用“有”创造了“无”。老子的这段话，非常精辟地论述了“有”和“无”之间的关系，“有无相生”，充分说明了空间和形体不可分割、共生共融的关系。

图 1–17 《舞风》，由瑞士雕塑家拉尔方索创作的精美的不锈钢雕塑作品。拉尔方索的雕塑作品是经过精确计算的动态力学系统，整个系统在风力的作用下保持运动中的均衡

比如，对雕塑来讲，一般是以积极形态为主，消极形态为辅；而在建筑专业方面，则相对应是消极形态（空间）为主，积极形态为辅。在产品设计中，对于一个造型设计人员而言，他既要考虑到产品外部的美观性，又要考虑到产品内部空间的合理性。而对于结构设计师而言，他则更多地考虑内部的消极形态，结构是否合理。而对于像汽车这样综合的产品来说，积极形态和消极形态都非常重要，所以在设计过程中形态之间的相互协调也就显得非常重要了（图 1—17、图 1—18）。

2. 功能

功能是产品存在的决定要素，如果一个产品不能实现其预定功能，便失去了存在的价值。随着社会的发展、科技的进步，以及物质的极大丰富，传统的评价事物价值标准的内涵得到了极大的延伸和发展，产品功能不再仅仅是指产品的使用功能，它还包括了审美、语义等功能。例如，我们在设计一把坐椅的时候，就必须考虑座椅的形态结构是否能满足坐及倚靠的基本要求，在材料的使用上必须考虑其加工成型的可能性，同时也要考虑座椅材料对使用者健康的影响。座椅的形体、尺度、比例将直接影响到人的使用方式，以及其所放置的环境，因而也是设

图 1–18 汽车的设计要综合考虑外部形态与内部空间

图 1–19 这是一款专为公共场所设计的电脑桌，它可以收纳起来成为一个圆球。当需要的时候将其中一个半球掀开就会在你面前呈现一个电脑桌和一把椅子。可以在一些商务人士较多的场所供人们使用，不仅美观大方，还不易着灰尘

计时所要考虑的重要因素。在考虑上述要求的基础上，还必须研究其整个形态如何能给人带来美感的享受，这一点也是座椅最终能否被人们所接受和使用的关键要素。因此，我们设计某个产品时，必须考虑其能否满足人们对产品功能的要求，即同时考虑对使用功能、审美功能、文化功能等多方面的要求。我们探讨基础设计与功能的关系，旨在以满足一般功能为前提，研究和设计产品形态，最大程度地发挥其功能的价值作用。

形态在具有实用功能的同时，也应该具备审美功能和语义功能。一个产品的审美价值主要是通过其外观给人的视觉感受而体现出来的。以契合（关于契合问题，我们在后面的章节中会详细讲述）的形态为例，通过契合方式产生的形态，往往具有很好的整体感和紧凑感，能产生流畅的曲线，同时给人机智巧妙的趣味性感受，因而具有很高的审美价值。而组合的形态也具

有其独特的审美价值，相同的单元通过有规律的排列和组合，能形成稳定、有秩序而简洁的外观形态。还可以形成对称平衡的格局，能产生现代且富有效率的理性美。由于很多排列组合形成的产品形态都具有内在的数理逻辑，因此具有明显的现代特征，会使用户对产品产生诚实可信的心理感受。产品的形态常常能提示该产品的功能、使用方式和特点，这就是产品的语义功能（图 1–20 ～图 1–22）。

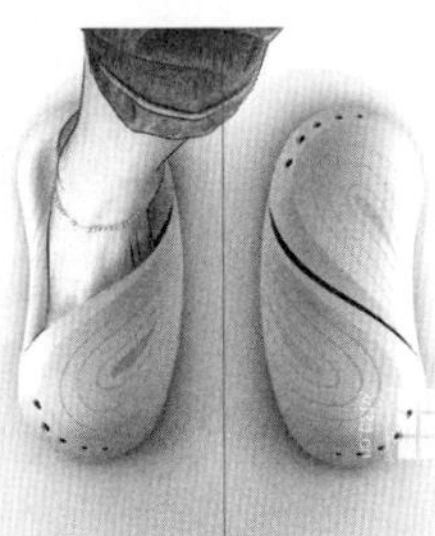

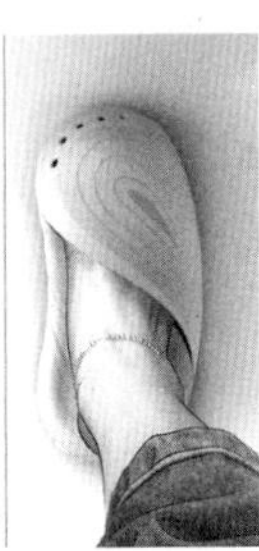

图 1–20　通过形态来暗示产品的操作方式

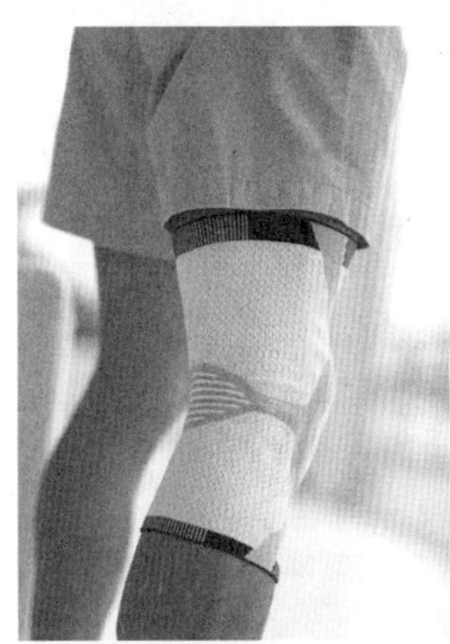

图 1–21　通过形态来体现产品的功能和特点

图 1–22　形态的象征意义。产品炫目的外形充分体现了产品的特点与定位

通过对设计形态进行实用功能和审美功能以及语义功能的分析，我们可以得出这样的结论，即优秀的形态设计应该是良好的实用功能和丰富的审美、语义等功能的多重载体。

3. 材料

"对材料的合理应用是形态创造的基础。"材料与设计形态的产生有着密不可分的关系。人们在看到某一设计形态后，往往会形成一个整体的视觉印象或者心理感受，不同的形态构成要素对于形成的整体视觉印象有着不同的影响。造型的几何特征、色彩、材料质感三个方面共同作用，从而形成了一个设计形态整体的视觉印象，三者缺一不可，可见，材料在设计中的重要意义。任何一件设计作品，都是由一定数量和种类的材料构成的，可以说"材料是结构形式和功能的物质载体"。因而，在设计过程中，选用恰当的材料成为设计成败的重要因素。

我们生活的世界，材料的种类极其丰富，并且随着时间的推移，新材料层出不穷，某些材料的新用途也不断出现。材料科学、加工技术和生产方式的发展与变革，深深地影响着工业设计的发展。不同的材料，有着不同的视觉特征、不同的物理和化学性质、不同的加工方式、不同的适用领域、不同的价格成本等，因此，在设计中选择使用何种材料时，必须对各种相关因素进行综合的考虑，这样才能为某一具体形态选择适合的材料，并能灵活地运用材料的各种特性，从而最大限度地发挥材料的性能，设计出更加完美的形态。"对于设计师来说，结合材料学中影响造型的各种因素进行形态的思考是必然的，也是必须的。" 同时，各种材料，包括传统材料和现代材料都具有一定的物质属性和人文意义，基础设计就是要综合考虑和运用这些属性。

随着各种材料和材料制造技术的不断创新和大量涌现，"材料"这一概念有了新的解释：它是许多产品发展技术的综合。20世纪后半叶开始，对传统材料的革新（例如，合成玻璃、新金属合金、木材派生材料等）开始了爆炸式的增长，特别是合成材料的出现、聚合物的成功发展、新兴的 "智能"材料的发明、纳米技术、生物材料……可以说举不胜举。制造商用新材料针对性地解决遇到的问题，例如制造出水无法渗透但某些气体可以渗透的产品，耐高温的同时又保持刚性和电绝缘性的产品，可以以某个特殊角度偏转某段波长的光线又可以涂在物体表面或者防紫外线的材料上等。负责研究和开发的实验室正在设计那些看起来似乎只能存在于幻想当中的材料，每天都有数百种创新诞生。尽管如此，如果这些新材料不为大众所知的话，往往只有少数几种可以投入使用（图1—23、图1—24）。

新材料的不断出现，必然会使一些旧的材料逐渐消亡，这也是材料领域的新陈代谢。一些新材料由于具有旧材料无法比拟的优越性，比如性能方面得到很大提升，同时成本下降，就会很快代替旧的材料。对于某一形态而言，使用了新材料后很可能使这一形态更加易于加工和成型，从而提高了形态设计和生产的效率（图1—25～图1—30）。

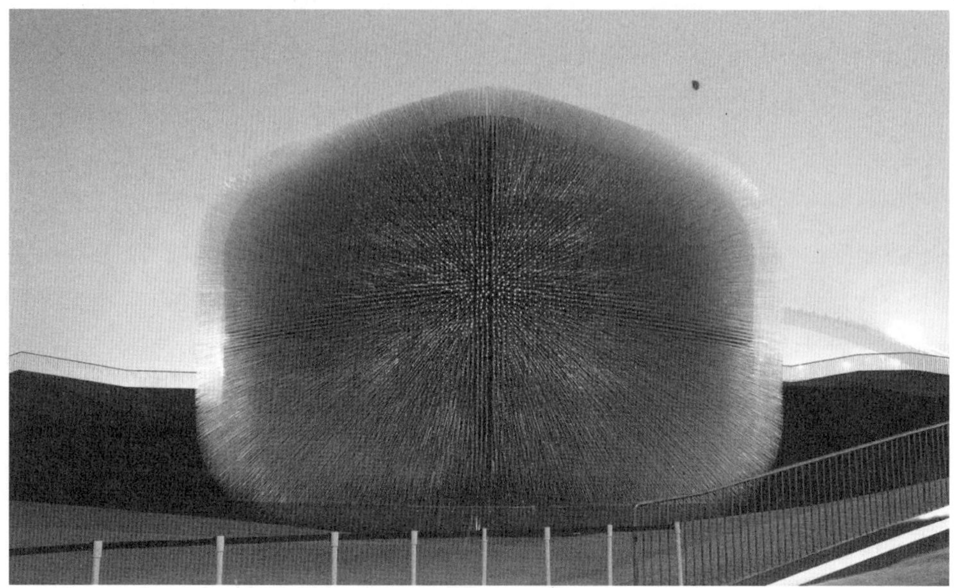

图 1–23　2010 年上海世博会英国馆运用了大量的透明亚克力材料

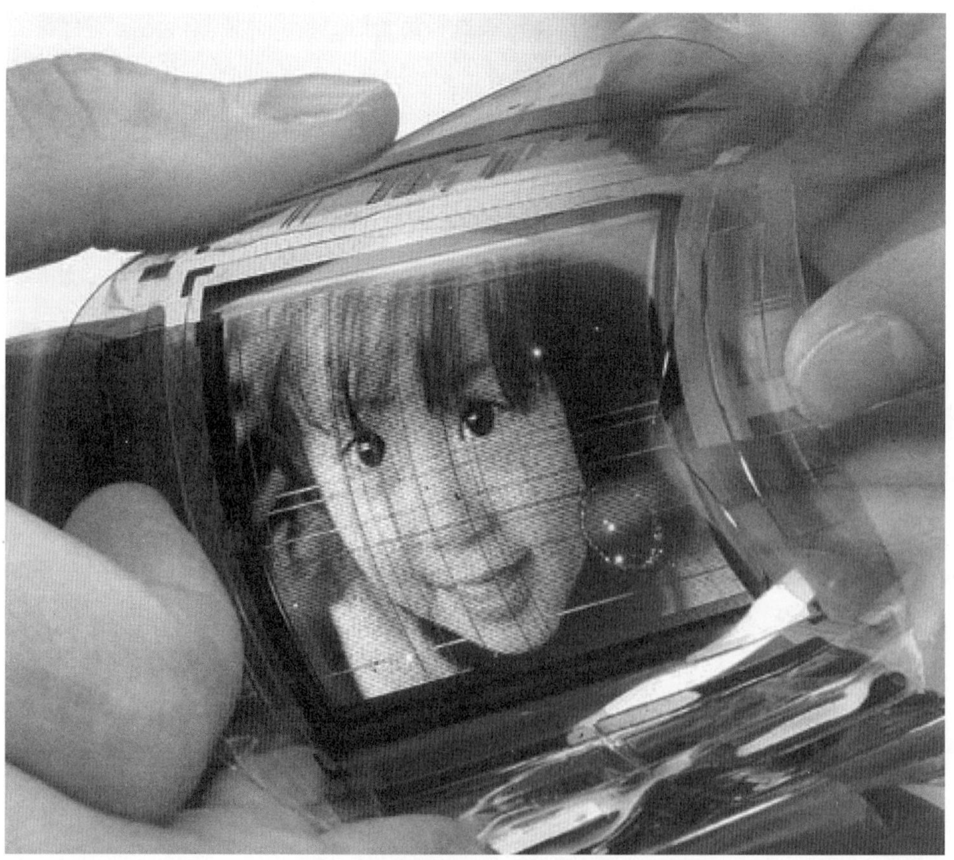

图 1–24　利用新材料可以制作曲面屏幕，有着广阔的应用前景

(*a*) (*b*)

图 1–25 塑料材料

(*a*) 今夏最清凉和轻便的全透明塑料手提袋；(*b*) 新型饮料瓶的塑料包装

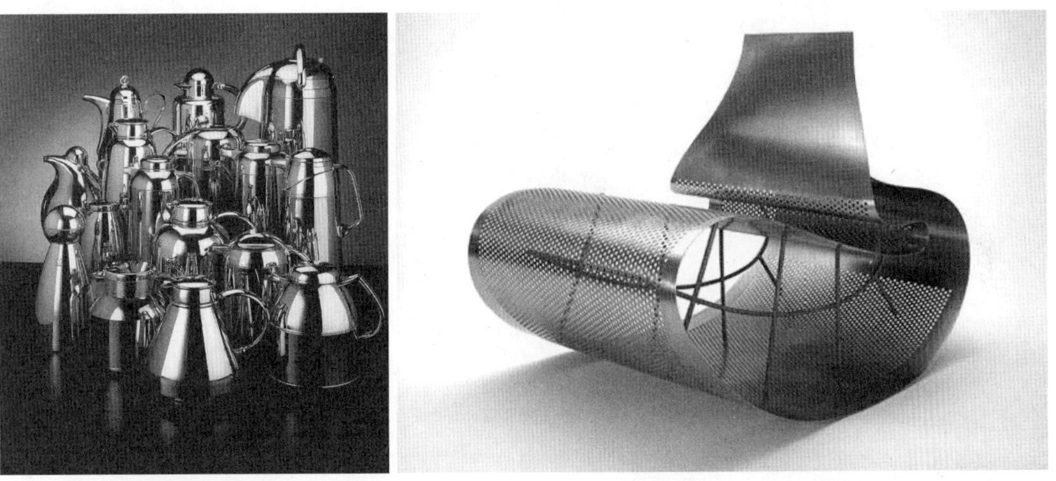

图 1–26 金属材料

图 1–27 玻璃材料

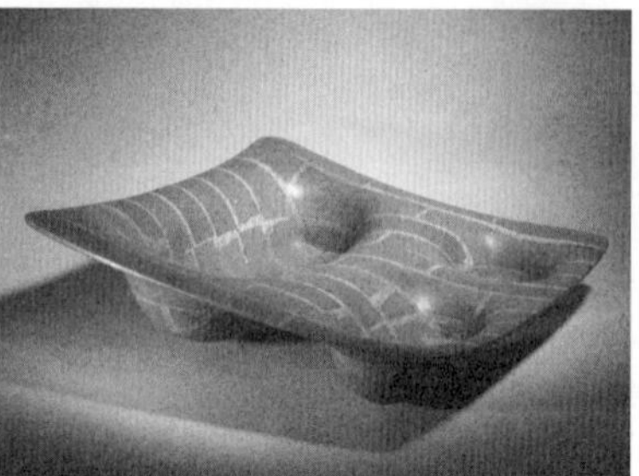

图 1–28　陶瓷材料

图 1–29　竹篾材料

图 1–30　织物纤维材料

4. 构造

产品设计中所讲的构造包括形成产品的结构和机构。产品的功能必定要借助某种结构形式才能得以实现。不同的产品功能或产品功能的延伸必然导致不同结构形式的产生。而结构的变化，也会对形态产生影响。机构是用运动副连接起到传递运动和力的构件系统。机构是产品中不可缺少的部分，它对产品的功能实现、外观形态、能源消耗、经济成本等方面都有很大影响。良好的机构能节约很多内部空间，使产品的外观形态设计更加自由，同时，还能很好地发挥产品性能，使产品更加易于操作，提高产品的使用寿命。

合理的构造是产品设计的重要基础与保证，通过部分与部分之间的结构与机构连接，形成平衡力的作用。不同的功能要求、不同的形态，都需要有与之相对应的构造方式来形成。构造的种类繁多，了解并熟练掌握不同构造的造型规律是基础设计的基本要求之一（图 1–31）。

图 1–31 汽车的内部构造

1.2.2 基础设计的主要任务

基础设计是通过创造者的思考过程，运用一定的物质材料，辅以其他工具，通过具体的手段与方法形成可见、可触且符合知觉、意识、思维、知识等要求，具有创造性的造型活动。在我们的设计教育中，基础设计的训练是以对形态的探索与构造作为实施的核心的，这是培养学生的设计感觉和设计能力的重要手段，是学习专业设计的基础，它与实际设计有一定的距离。在课程中，通过对各种形态的分解与组合、创造与变化，可以充分认识形态与尺度、体量、空间、功能、材质、结构、运动等因素之间的相关性。由于要综合考虑形态创造的美感以及形态与某些具体要求的关系，所以该课程具有一定的探索性，并且还能够促使学生形成系统性的思维能力，因而具有重要的意义。

形态与功能、材料、构造等都有着密切的关系，没有恰当、自然的材料运用，没有合理、有效的构造支持，即使产品的外观形态再美丽，也只能是摆放在橱窗里欣赏的艺术品，没有任何功能价值。基础设计的工作之一就是如何将形态与功能、构造及材料完美、艺术性地结合起来。我国古代的许多建筑屋顶都有着非常漂亮的飞檐起翘，这种飞檐大都具有十分复杂的木质构造，木材通过卯榫、斗栱的结构对造型起到支撑和稳定的作用，才能使漂亮的造型得以最终实现。因此，在进行基础设计时，需要注意其外部形态和内部结构的因果关系，从而为进一步深入产品设计提供扎实可行的基础。

作为设计专业的基础课程，基础设计是一门强调过程性、知识实践性很强的课程。所以本书中很多内容是结合课题的实践来写的，通过实践的过程进行知识的积累和掌握，不仅有利于学生掌握形态创造与演变的方法，同时也有利于增强学生对造型的理解能力，这是对新形态的探索过程，也是对形态的感性与理性认识相融汇的过程。通过《基础设计》课程的学习，可以帮助学生建立起正确的形态设计观念，使学生能够成长为具有独特形态理念和设计思维的设计师。学会从自然以及生活中发掘灵感，从渊博的历史文化中汲取营养，从多元文化的碰撞中得到启示，通过不断的提炼与凝聚，将这些创意完美地表达在产品的形态当中，从而不断提高自己的设计水平。

1.2.3 基础设计实践初步

基础设计研究的主要任务是使较少接触真实的产品设计、缺乏设计实践经验的低年级学生初步了解和掌握形态设计的简单方法。通过一系列设计思路的展开，培养学生的观察及思维能力，初步掌握形态创造能力。

1. 借鉴与模仿

产品不同于其他艺术作品，它更注重造型的实用功能，受到更多制造工艺的约束。因此，在产品形态创意过程中，不能是简单的形态借鉴与模仿，而应当是取其主体特征，经过理性抽象的高度概括而产生的。产品设计是实实在在的具体工作，基础设计同样也是复杂思维的综合结晶过程。因为创意灵感的产生是知识学习、经验积累、职业判断等积淀交叉的结果，所以适当地借鉴、模仿，引入他人的优点和长处，对基础设计还是具有一定的指导意义的。

人类最初的造型活动和经验积累是从模仿自然开始的，在造型文化高度发展的今天，前人所创作的灿烂的造型成果，仍然值得我们学习和借鉴。例如，家具的设计原则、文化理念与表现手法是和建筑的造型艺术一脉相承的。在新产品方案拟定初始阶段，可以用图示、文述的形式，通过线条、图形、符号、颜色、文字等视觉元素，将想法和信息摘要记录下来。然后，从中梳

图 1–32　丹麦设计学院学生 Nina Bruun 模仿由杂乱的枝条搭建的鸟巢，设计了这个巢椅，与奥运场馆的鸟巢有异曲同工之妙

理出有价值、有规律的形态元素，运用逻辑推理、优劣比较、发散收敛、逆向思维、构成变化（分解、组合）等方法，最终将其运用到产品设计中（图 1–32）。

2. 重构与互融

重构与互融，是对某一类产品、某一组产品或相关产品群进行资料收集、整理、对比、归纳以后，结合现代审美及文化，进行新产品形态设计的方法。一种能深入市场、长盛不衰的产品，大都有其独特的功能造型或文化因素，但是由于地理环境、时代传统等不同条件的限制，这些产品往往带有一定的区域性特色。例如，一提起德国产品，就会让人联想起对技术和质量一丝不苟的严谨；一看到明清家具，就会感受到其整体形态所包含的“天人合一”的文化体系。通过分析并梳理这些具代表性的产品中的主观和客观因素，结合国内外材料发展的新技术、新工艺，运用现代设计理念和手段，将原始的形态进行重构与互融，可以成为产品设计的新亮点。

重构是在保留原始形态基本风貌的前提下，依照现代人的审美观念，对其造型进行简化、变异和重组。重构的方法有简化归纳法、抽象变化法和夸张变化法等。简化归纳是将复杂繁琐的原始形态进行简化和概括，在抓住其神韵与精华的基础上，省略繁琐的局部、细部，使产品形态更加单纯、简洁大方又不失原有的美感。抽象变化是利用几何变形的手法对原始形态进行变化整理，通常用几何直线或曲线对原始形态的外形进行抽象概括，将其归纳组成为几何形体，从而具有简洁明快的现代美。互融则是将不同性质或门类的造型元素糅合在一起，然后进行重组的方法。它既可以是中外的互融，也可以是古今的互融，是进行产品形态创新的一个非常有效的方法。随着国际文化交流的不断深入，中国与世界的距离越来越小，因此，对于国外的社会文化精粹我们也应该好好地加以研究与利用。

在运用借鉴与模仿、重构与互融的造型方法进行形态创造时，需要根据所设计的产品主题展开构思。同时，也不能忽视了产品的基本使用要求、用户特征以及材料、生产技术等成型因素，否则设计出来的形态有可能仅仅停留在创意构想上而无法转化成现实的产品。

运用借鉴与模仿、重构与互融的造型方法进行形态创造只是基础设计的初步实践。本书的后续章节将为读者详细地介绍基础设计的设计方法，希望能够为大家的产品设计学习之路起到纽带和指引的作用。

图 1–33　汉斯·瓦格纳融合中国明代家具的特点设计的椅子很好地诠释了设计中的“重构与互融”

第 2 章　|　形态创意基础

设计教育家康定斯基曾说过："点、线、面是造型艺术表现的最基本语言和单位。它既具有符号和图形特点，又能表达不同的性格和丰富的内涵，它抽象的形态，赋予艺术内在的本质及超凡的精神。"基础设计是产品形态设计的第一步，无论是平面造型设计还是立体造型设计，它们都是由基本元素构成的。

在这一章中，我们将通过对基础形态、形态心理、形式美法则的学习，进一步认识形态创意与文法，并最终掌握形态创造与提炼的方法。

2.1　形态创意与审美

在产品造型的设计实践中，设计师作为产品形态的创造者，首先要具备对形态美的感悟能力，要具有判断一个形态美与丑的能力，如果缺乏对形态的感悟与评价能力，又如何谈得上创造美的形态呢？

人类的审美心理对审美形式有着趋同的特点，反映了人类普遍对一些美学规律如秩序、对称、反复等的认知和把握，而这种普遍化的共性认识是人们从长期的生产、生活实践中积累得出的，是人类社会群体共性的审美意识。它的依据就是客观存在的美的形式法则，我们称之为形式美法则或造型美学法则。

产品的造型会给人们的视觉、触觉、心理产生或大小、或方圆、或轻重、或曲直、或高低的形态感受。而形态创意如果要给产品造型带来创新，创建优美的产品形态，就必须遵循形态心理和基本的美学原则和造型规律，就离不开对称、重复、渐变、平衡、对比、节奏以及韵律等造型的形式美法则。只有运用这些基本的造型美学法则去发现美、研究美、创造美，才能不断地丰富产品的形态美感，从而给人们带来愉悦的精神感受（图 2–1）。

2.1.1　形态创意的基本元素

在世界万物中，任何形态不论其如何复杂、如何奇特，无论是自然形成的，还是人为造就的，都可以分解为基本的形态构成要素，都有其生成的根据。也就是说，形态万变而不离其宗，

Brazil No.2 扶手椅

英菲尼迪概念车设计

图 2–1　产品的优美形态

任何形态都可以归结为点、线、面、体、空间五种基础形态（这个与前面谈到过的形态的维度是相统一的，即构成不同维度的最原始的形态也就是构成不同形态的基本要素）。虽然形态有无穷种的构成方式，但是这些形态构成的原则、原理都是相通的，形态的基本要素是确定的，它带有很强的基础性，所以，对形态的讨论就必须从形态的基本要素着手。基础形态是一切设计、造型的根本，对基础形态的创造、变化以及形态与功能、构造、材料、工艺等关系的探讨与研究是基础设计的主要任务。这种观念的确立，与包豪斯的探索与实践是分不开的，在包豪斯的教学过程中，用基本的几何形态来做形态练习，全面探索形态变化的可能性。作为一个设计师，时时刻刻都要把这些基本形态放在心里，接触到一切产品形态时，都要求能够去除非本质的东西，把形态还原为几种基本形态的组合（图 2–2）。

图 2–2　产品的设计是对构成产品的基本要素的整合

宇宙万物虽然千变万化，但其外形都可以解构成点、线、面、体块等基本要素，即点的移动生成线；线的移动生成面；面的移动生成体块。但是在针对具体设计时，由于受到审美情趣、地域文化、市场定位等因素的影响，以及不同材料、工艺的约束，如何在产品形态中合理体现点、线、面、体块的关系，仅仅从定义出发来进行产品设计显然是不够的，还需要将单纯的点、线、面、体块转化成具有一定情感表达的形态元素。例如，中国银行的标志从传统商业文化中提炼出钱币这一具有代表性的元素，使之成为一个包含着特定形态、特殊意义的面，再有效地结合排列、组合等形式美法则，将这一元素贯穿到具体的设计应用中，从而强化企业的商业感和财富感。

在前面的形态分类中，我们知道，形态有维度之分，因而存在着二维的点、线、面、体、空间（二维的“体和空间”是在平面上创造的一种幻觉）和三维的点、线、面、体、空间的区分，也就是形和形体的区别，事实上，这两者是紧密联系的，对前者的探讨是平面构成、图形等课程的主要内容，在本书中，我们主要讨论的是后者。

同时，形态可以分为概念形态与现实形态两大类，作为形态基本要素的点、线、面、体、空间也可以分为这两大类。在几何学里，点、线、面、立体是其形态的基本要素，点是空间的位置；线是点移动的轨迹；面是线移动的轨迹；体是面移动的轨迹；而空间则是这些形态存在的场所。

在几何学中，空间的点是没有大小的，线是没有粗细的，作为面是没有厚度的，而体则是没有重量的，也就是说，实际上几何学中的基础形态只是一种概念中的物体，是只能感知而不能表现的。这样对于我们造型设计而言，这种概念中的形态毫无价值，因为它们不具有实用性。为了理解这些形态的基本要素，并为造型设计活动服务，我们就必须将这些几何学上的元素直观化，变成能够被我们把握和表现的现实物体。

造型设计中的点、线、面、体、空间是客观存在的，点有大小，线有宽窄、粗细，面有厚度，体有重量，空间有范围。但是，当点、线、面、体、空间这些概念的形态元素被现实化并赋予实际的物理特性后，它们之间的区别就变得相对了。这些元素所呈现的特征，必须跟特定的环境结合起来考察。当我们在飞机上从高空俯视大地的时候，地上的建筑都成了一个个小的点，马路则成了一条条线；但是当我们回到地面，身处其中的时候，我们面前的建筑可能体量庞大、气势恢宏，而马路则空间开阔、无限延展。同时，物体给我们的印象，还受到其自身尺度的影响，也就是长、宽、高三者的对比。比如长和宽的比例非常悬殊，那么在这个方向上，该物体容易形成“线”的感觉；而长和宽与高的比例非常大，则容易形成“面”的感觉。

在几何学上，点、线、面、体、空间是以一种理论所产生的抽象观念，其意义是确定的、不变的，它们与我们设计造型上的基础形态元素是有差别的，后者其主要视觉特性是建立在生活经验的基础之上的，形态的感受带有主观性。所以在我们探讨、研究的过程中，往往要将我们设计的形态制作出来，而不仅仅是画出来，这样才能体现出形态的全部特征，这一点也正好反映了本课程的实践性。

下面我们将逐个讨论作为设计中的基础形态的点、线、面、体、空间的特性。

1. 点

设计中的点，是具有一定的形体的。相对小单位的形体，被认为是点，同时，只要形体与周围其他造型要素比较时具有凝聚视觉的作用，都可以称为点。

如前所述，对点的判断完全取决于它所存在的空间，无论它以任何大小或形状出现，只要它在整体空间中被认为具有集中性，并成为最小的视觉单元，都可以认为是点的造型。比如夜空中的星星，我们很自然地把它理解成点。“星星点点”，汉语中“星”的本意即有一小块、一小片的意思，而实际上，星星大部分是比太阳还大得多的恒星。

点的另一个特性是可以通过对视线的吸引而导致心理的张力。即当只有一个点时，人的注意力便会完全集中在这个之上；如果有两个相等的点同时存在于一个画面时，视线将会在这两点之间来回反复，而在心理上将产生一条线的感觉。如果同时并存于同一空间的两个点大小不相等时，视觉方向常常根据由大到小或由近而远的顺序，在心理上产生移动的感觉。当同一个空间中有三个以上的点同时存在时，就会在点的围合内产生虚面的感觉。点的数量越多，周围的间隔也就越短，面的感觉也就越强。同时，大小不同的一群点聚集在一起会产生动的感觉，当很多点是同样大小时，则有相对静止的面的感觉。对于这些，我们在平面构成中已经有所了解，对于立体形态而言，具有相通性（图 2–3、图 2–4）。

图 2–3　以点为元素的产品形态

图 2–4　世博会捷克馆设计中点的运用形成了线和面的感觉

2. 线

当形体某一方向的尺度远大于其他两个方向时，我们就将其称之为线，同时面的转折和边界也给人以线的感觉，形成消极的线。线是点的移动轨迹，具有长度和方向感，在空间具有伸长的力量感，表现为轻巧、虚幻、流动、优美、灵活多变的造型特色。应用在具体的设计中，不外乎垂直线、水平线、对角线、曲线、曲折线等。线条粗细、长短的形状不同，设计表现也会大不相同。垂直线是上下笔直移动的线条，设计时常常用它来表现尊贵、严肃和有力；水平线是与地平线平行的线条，它会让人产生宁静、平和、安稳的感觉；对角线是一条倾斜的线，代表动作或不安的紧绷感；曲折线是直线折曲而成的锐角曲线，它有急速改变方向的特征，使人联想到冲击的力量感。与点相比较，线多了方向性，其形态表达语言更丰富，可以蕴涵的信息量更广，进而具有更多的象征性，例如，中国古代象形文字、五线谱中的乐符等线形符号。全部由线构成或大部分由线形部件构成的产品形态常显轻快活泼，具有很强的韵律感。

线是一切形态的代表和基础，一切形态都有线，在很多情况下，我们就是依据线来认识、界定形体的。我们对形态的把握，在很大程度上是依靠对轮廓线的提炼而获得的。线的表现力最丰富，它是形态要素中最为重要的，很多艺术形态都是以线作为主要表现手段的。

参照几何学上的概念，我们也可以认为，线是由内在的点运动所产生的，因此点的运动的速度、强弱和方向也影响着线的表现力。例如，点的运动速度快、强度大，形成的线则饱满而有张力；点的运动速度慢、强度弱，则容易形成感觉柔软的线。点的运动方向发生变化，则形成曲线；方向不变的，则形成直线。从视觉心理上看，直线给人以单纯、明确、刚硬、理智并具有男性化的印象；曲线则给人以优雅、圆滑、柔软、抒情及女性化的感觉。

线的粗细变化对其表现力有很大的影响。一条细的线能表现出锐利、敏感而快速的效果；一条粗的线则能显示出刚强、稳健而迟缓的特质。对于同一条线，线的粗细变化能够体现出内在运动的韵律感，具有很强的表现力（图 2—5）。

3. 面

在三维形态中，一个维度的尺度远小于另外两个维度的形体给我们以面的感觉。由于面是由边界的线所限定的，所以面的边界线的形态对面的表情有很大的影响，也就是面同时综合了线的表情。

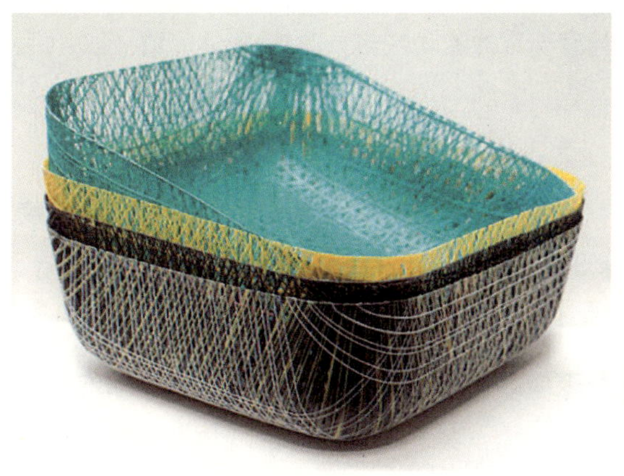

图 2—5　以线为元素的产品形态

图 2–6　S.B.M. 是一款为大厅装饰而设计的灯，目前蒙特卡罗海滩酒店安装的就是这盏灯，它体现出一种无限向上的空间感

图 2–7　由面材所构成的女鞋设计，这款鞋名为 MOJITO，用简单的曲面围绕脚的形状设计组成，材质为碳纤维，外侧为橡胶，内侧包裹皮革

面分为平面和曲面两大类：平面具有平整、刚硬、简洁之感；曲面具有起伏、柔软、温和、富有弹性和动感的特点。同时作为设计中的面，由于具有厚度，所以两个侧面的形态可以有所变化，更加丰富了面的表现力。

面的情感含义是轻薄而具有延伸感，面是线与体的综合体，介于线材与块材之间。对面的观察的视觉方向的不同，会产生不同的感觉，面的切口、面的边界方向有近似于线的感觉，而非边界的连续的面却给人以体的印象。所以，对于面的形态，如果处理得当的话，就能使人产生既轻盈又充实的感觉。

面是由数条线所交汇而成的平面形状，具有长度和宽度，这些平面形状包括三角形、方形、圆形等。平面除了有基本的外形外，还包括材质、纹理、色彩及质感。一件产品在外观形态上可能是由多个面构成的，它们之间的组合、分割，以及大小比例的关系决定了造型的均衡与调和，能在人的视觉上产生庄重、稳定、韵律及趣味性等不同感觉。实面与虚面的对比运用，还可以增加产品的变化与空间感。由面为造型语言构成的产品依据面的造型特点，多具有一定的流动性与灵动感，形体简洁、轻快（图 2–6、图 2–7）。

4. 体

我们将占据一定空间的、形体的三个维度的尺度都相对较大的形态称为体。体有实心体与空心体两种。实心体是内实块体，空心体则是被面包围所构成的体。由面包围而成的封闭的空心体，其外观与实心的块体没有区别，但我们在理解、构思时，可由面的拼接或块体的切割来考虑。一般来说，由面构成的非封闭的形体，如果它的开口相对较小，我们也将它看作体。

由于体的构成离不开线和面，所以体的表情在很大程度上依赖于线与面的表现力，通过体的表面的不同处理，可以形成丰富的变化。由于立体的形态是以占据空间作为主要特征的，所以无论从任何角度都可通过视觉和触觉来感知它的客观存在，因而，体量感也就成为它最大的特性，体量感是形态表现的重要内容之一（图 2–8）。

图 2–8　以体为元素的产品形态

5. 空间

空间是物质存在的形式之一，是由长、宽、高所限定构筑的形态。对空间的理解有狭义和广义之分，狭义的空间概念（也就是我们通常所说的空间）是与实际的形体相对的，是指实际存在的物质所处的“空”的部分或所构筑的“空”的部分；广义的空间是指“三维的”形态，包括实空间和虚空间两类，实空间是实际存在的形态（也就是由上面所说的点、线、面、体所构成的实体），而虚空间也就是狭义的空间概念，是指立体形态向周围扩张的空间，它包括实空间内部的空隙和它的周围与外界的过渡性空间（过渡性空间也称为灰空间）。我们这里所说的空间，指的是狭义的空间概念。

实体是客观的、不变的，厚重而封闭；而空间则是相对的，通透而缥缈，它随着环境、视点、观察者的变化而变化。实体和空间是相伴而生的，空间的存在是对实体的重要补充，忽略了空间实体就变得干瘪、苍白、没有生命力。

格式塔心理学认为：视觉形象永远不是对感性材料的机械复制，而是对现实的一种创造性的把握，它把握的形象是含有丰富的想象性、独创性、敏锐性的美的形象。空间的存在在这个视觉心理的形成过程中，发挥了非常重要的作用，设计者在创造视觉形态时，应该力求给观察者留下能充分发挥想象的空间。雕塑大师亨利·摩尔的作品就非常注重这种虚实空间的关系，大大增强了作品的表现力；中国古典建筑讲究通透，也是出于这方面的考虑，这种把建筑的实

图 2–9　迪拜扎耶德清真寺

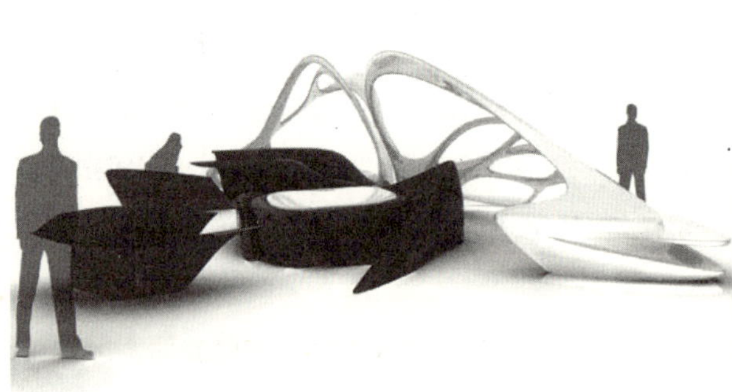

图 2–10　由线、面、体所形成的空间

体与空间自然融合的方式，可以丰富空间的层次，拓展景物的内涵（图 2–9、图 2–10）。

6. 点、线、面、体、空间之间的关系

点、线、面、体、空间作为构成形态的基本元素，它们之间不是孤立的，而是紧密联系、不可分割的。对于它们之间的关系，在我们前面对上述的基础形态的讨论中，也都有所穿插，它们之间的区别是相对的，彼此的形状也是互相界定的。

空间是形态存在的一个前提，没有空间也就没有其他元素的存在。点、线、面、体都必须在空间中出现，并与之发生联系。

点的连续可以形成线的感觉（这正好印证了在几何学中线是由点的运动所产生的概念），点的集合可以构成虚面或虚体。由点连成的虚线和由点集构成的虚面、虚体，不仅有着时间上的连续性，同时也给人以空间的通透感。在视觉效果上，虽然不如实线和实面那么敏锐和肯定，却更富有韵律和变化（图 2–11 ～图 2–14）。

图 2–11　迪拜帆船酒店大堂

图 2–12　新加坡建筑设计

图 2–13　Alexander Reh 用弹壳组装的椅子

图 2–14　意大利设计师 Gaetano Pesce 的塑料凉鞋设计

在几何学中，线的移动形成面，同样的，在设计中，线的排列形成面和体的感觉，平面性的线的围合同样能够给人以虚面的感觉，而立体的围合框架，则形成一个虚体，这与我们将面和体的边界作为线的现象是互为因果的。这个虚的面和体与实际存在的面相比，具有灵动、通透、富于变化的特点（图 2–15）。

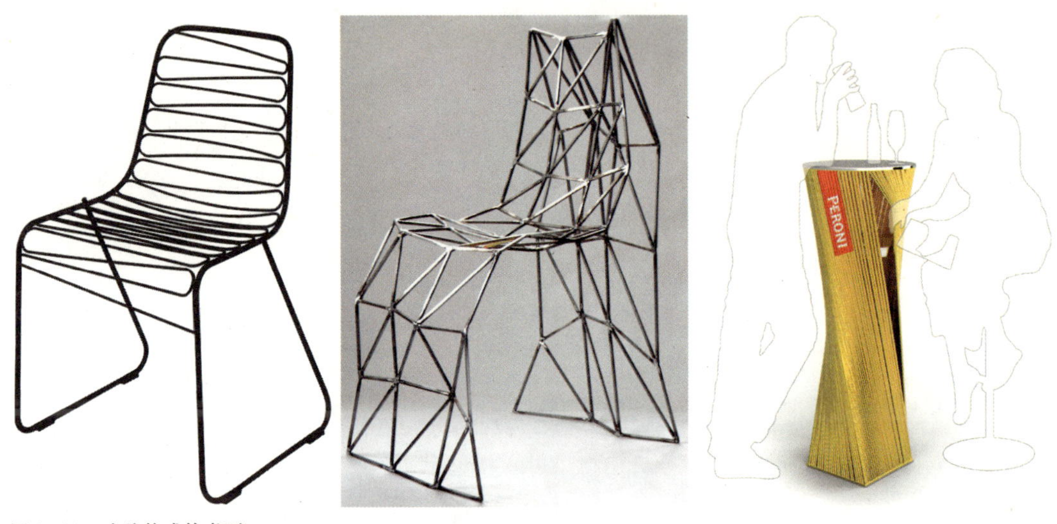

图 2–15　由线构成的虚面

同样，面的排列形成虚体，面的围合形成体，而没有完全封闭的面的围合，与面有着相通性，如果围合后开口较大，就以面的特征为主了。分割立体可得到面，分割的方法不同，则得到的面的形式也不同，面的堆积又可还原成体。

虚线、虚面、虚体的产生，一方面是受我们以往的视觉经验影响的结果，另一方面，也与我们的认知心理有着很大的关系。上面提到的格式塔心理学也被称为完形心理学，该心理学理论认为，人类对于任何视觉图像的认知，是一种经过知觉系统组织后的形态与轮廓，而并非所有各自独立部分的集合。人类的认知系统，有一种把原本各自独立的局部串联整合成一个整体的本能。

同时，点、线、面、体、空间之间也有各自不同的特性，彼此区别，共同构成了丰富多彩的形态世界。

点具有确定空间位置的作用，线具有贯穿空间的作用，面具有分割空间的作用，而体则具有占据空间的作用。

越大的点就越会失去点的特性，所以点的本质是“小”；越短的线就越失去线的特性，所以线的本质是“长”；越厚的面就越失去面的特性，所以面的本质是“薄”；而作为体，它的本质则是占据空间。

在形态构成的层次上，点、线、面、体、空间是逐级包容的，线具有点的元素，面具有线的元素，体则具有面的元素，随着形态的复杂化，表现力的丰富性也是逐渐提高的。

2.1.2 形态心理

在艺术设计活动中，我们的目的是要创造一个“美”的形态，然而怎么样的形态才是美的呢？关于如何是“美”的命题由来已久，古今中外各有论之，美的观念受民族、宗教、性别、时代、地域等多种因素的影响，具有差异性。

形态必须给人以美感，而美感则是由审美主体与客体之间发生感应的结果，审美行为的发生，需要有对美的事物有感受能力的审美主体，同时需要有能释放美的能量的审美客体，两者缺一不可。正如萨特在《什么是文学》中说，文学作品并不仅仅是作者一个人完成的，而是由作者和读者共同完成的；同样的，艺术设计作品也是在作者和受众的共鸣与互动中最终完成的。

作为设计师，首要任务是赋予设计作品至美要素，形态的至美要素包括：本质美、形式美与表现美三个方面。所谓本质美，是指人的心理对形态各种内力力象的感受与把握；形式美，是指形态的构成与组织符合形式美的法则；表现美，则是本质美与形式美的构形要素，通过生动的表达技巧所体现的综合美感。这就好比一部文学作品，它所要表达的主题是真、善、美，这是一个正面的、积极的主题，所以具有本质美；同时它采用了小说这种善于深刻表现主题的形式，故事安排巧妙、合理，具有形式美；最后，小说的言辞优美、生动，刻画细腻、感人，具有表现美。

由上可知，要创造“美”的形态，首先要形成主体对形态“美”的心理感觉。心理感觉是指人脑对直接作用于感觉器官的客观事物的反映，是在感官受到刺激后引起视知觉的兴奋和传导，并且根据以往的知识经验来理解对象的，它是相对主观的、个性的。

1. 形态的力感

艺术设计中的“力感”是一种视觉力感，与自然科学中的力的概念有所不同，但两者之间又有着必然的联系。“力感”，是由人的心理感受所产生的，形态给人的“力感”是人对各种形态的认识和对造型产生的共鸣在心理上的反映。自从人类产生以来，就生活在受自然力所支配的环境之中，因此，力的心理效应与自然科学中的物理力息息相关。人对形态的“力”的感觉是现实中力的作用现象对人心理所造成的影响的一种反映，源于人对过去的阅历和经验的联想。一个艺术形态给我们坚强有力的感觉，就是因为这个形态与现实中那些具有坚强有力的特征的事物有着相通之处（图 2–16）。

任何形态的产生都是物体的内力和外界的力共同作用的结果，所以“力”是形态产生和变化的原因。追求有“力感”的形态，是造型艺术、产品设计的目标，没有“力感”的形态，就必然没有生命力。然而什么是“力感”，笔者认为“力感”在本质上表现为一种相对于平衡状态

图 2–16　充满“力感”的雕塑造型

的偏移，用耗散结构的话来讲，就是“远离平衡状态的平衡”。

在物理学上，平衡指的是力与反作用力的相等，包括两种形式，静力学的平衡与动力学的平衡，前者如一幢高楼稳固的耸立在地面之上，处于安定状态；后者如一颗人造卫星以一定的速度围绕着地球飞行，与地球的引力相均衡。我们这里指的平衡是形态上的平衡，但是形态上的平衡本质上也是一种力的平衡，是形态内在的力与外界的力相平衡的结果。

柏拉图说现实世界是对理念世界的回忆，这个话在某种意义上是有道理的。对于一个已经存在的物体来说，力的作用能够改变它的形态，这种形态的改变，是针对某个原型来说的。我们在观察、认识事物的时候，有一种心理本能，就是将我们看到的形态与我们内心的某个原型进行比较，并在两者之间判断出位置或形态的差异，从而产生对该事物的认识。

塞尚曾经说过，“自然界的物象，都可还原简化为球形、圆锥形、圆柱形的构成”。事实上任何形态，都可以最终分解为基本几何体；任何不规则的形态，如果将其单纯化，这个形态就会逐渐的趋近于三原型。这就是我们内心的形态原型，这是一些非常单纯的形体，稳定而均衡，当我们所观察到的事物与我们内心的这些原型有差别，我们就会将注意力集中在这些差别上，同时想象是何种力量使得它改变了正常的位置或形态，这个过程可以感受到使形态产生这种改变的力的作用，也就使形态产生了“力感”。例如，饱满的形态往往有一种向外扩张的力感，前倾的物体有一种向前的力感，弯曲的物体有一种弹力感。比萨斜塔之所以这么有魅力，这正是一方面的原因。当人们看到它倾斜的样子，就会与心中正常的位置进行比较，继而感受到造成这个改变的力的作用。这实际上也部分地解释了缺陷美产生的原因，因为完美是各方面都均衡的一种状态，这在某种意义上也就成了一种静止的状态了，因而也就失去了力的感觉，所以说“完美”可能并不是“最美”。对形态创造中“力感”的这种理解，是和完形心理学对人的心理的认识相一致的（图 2–17、图 2–18）。

图 2–17 著名的比萨斜塔

在设计实践中，我们充分运用了“力感”来塑造产品形态。

“力感”其实是一个艺术设计中力的作用的统称，具体地说“力感”包括“量感”、“动感”、“空间感”、“生长感”等。当然这些感觉之间也是互相联系的，正如人的不同感觉之间可以交错相通，形成通感，这些不同的感觉也往往交错、综合在一起。

当然这种力的作用和由此带来的形态的改变都必须单纯，这样产生的形态才会明快而充满“力感”，如果力的作用过于复杂，那么形态内部的力与外部的力就会发生冲突，从而使形态变得过于复杂，引起人视觉上的混乱，继而使观察者难以联想到它的原型，形态也就失去了“力

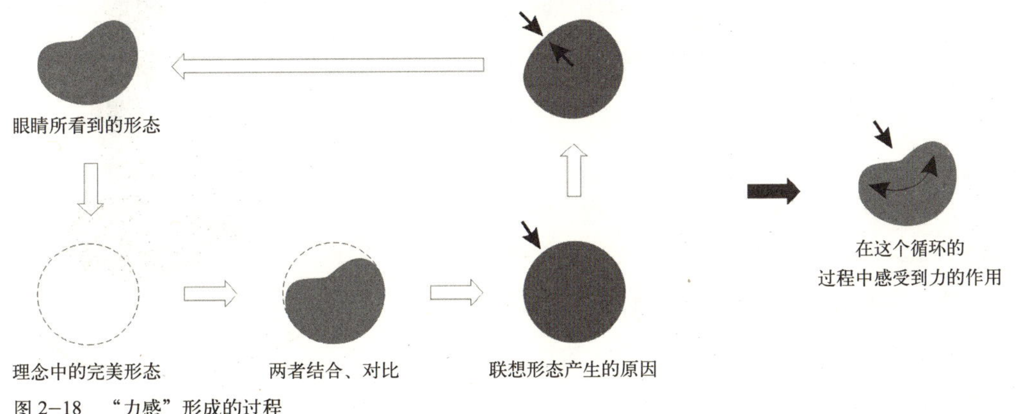

图 2–18 “力感”形成的过程

图 2–19　造型独特的陶瓷杯，给人以想象的力感

图 2–20　多功能地毯的设计，实现功能的同时体现了充分的力感

感”。所以增强形态“力感”的方法之一，就在于强调形体的最主要特征，略去细微，使形态尽量简洁、纯粹，突出形体充满张力的部分，也就是对外力有着最强的反抗感的要素，由此创造出的形态才能充满感染力，给人留下深刻的印象（图 2–19 ～图 2–22）。

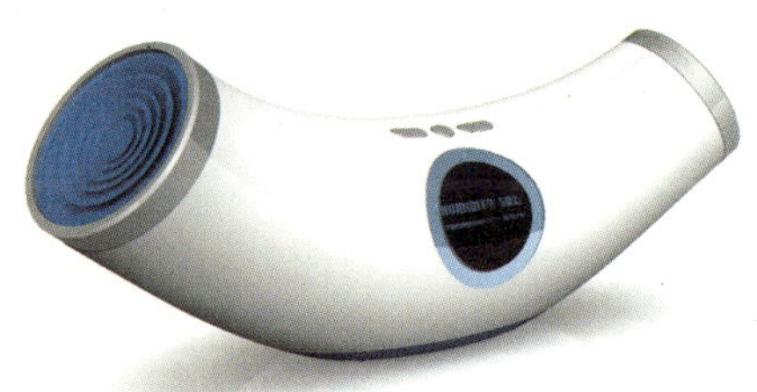

图 2–21　空气湿度平衡仪设计

2. 形态的量感

形态的量感可分为两种类型，即物理量和心理量。人们对物理量的认识是通过测量的方法获得的，比如通过测量产品体积的大小可以比较容易地获得产品长、宽、高等物理量；而由物理量所产生的心理上的量，则无法用测量的方法去获得，因为它所体现的是物理世界到精神世界的转化。心理量是指人的心理对物体重量的一种内在感受，衡量心理量的多少主要依赖心理判断。当人们面对高山这样的巨大形体时，会情不自禁地感受它的宏伟壮观，这正是人们心理上的感觉，只能借助语言或其他文艺形式来表达，因而心理量是可以感受而不能测量的。物理量与心理量既有联系又有区别。在一般情况下，大的形体能让人产生强壮有力的感觉，小的形体则会产生轻巧秀丽的感觉。由此可见，“量”在一定意义上决定着产品形体的感染力。

图 2–22　食物变质探测器设计

形态设计中的量感，可以理解为体积感、容量感、重量感、范围感、数量感等，包括两个方面，物理上的量感和心理上的量感。物理量感通常来自形体的大小、材料重量等因素，是可以进行客观的度量的。如同样物质的形态，体积越大，量感越强；而同样的形体，金属材料要比塑料的重。心理量感是指人们在感知某一形态后心理所产生的量感，实际上它与物理量感是联系在一起的，是实际的物理量感的经验在我们内心的反映，它受到物体的形态、色彩、肌理、材料等因素的影响，比如，在重量感方面，一斤铁的感觉要比一斤棉花重，同样形态、重量的东西，涂上不同的颜色，重量的感觉就不一样了（图2–23～图2–25）。

3. 形态的动感

“心理力”所产生的运动倾向使人产生动态的心理感受，称之为动感。动感在心理上所产生的影响是每个人都能强烈地感受得到的。例如，当形体偏离平衡位时，就会产生动感；曲线、曲面因本身具有一种流动性而产生动感。不同的产品具有不同的动感要求，通常与速度相关的产品如交通工具等的设计，需要通过造型体现它的灵巧与可运动感，而其他一些用于休憩的产品如椅子、沙发等则应该运用形态造型减少运动感，让使用者有稳定、安全、舒适的感觉。

生命的本质在于运动，具有动感的物体才有生命力。因而只有带有动感的设

图 2–23　上海国际设计中心。作为安藤忠雄大师在中国的首个建筑作品，项目造型力求创造一种可以承载人类活动并富有生命的风景。项目设计线条简练，体块清晰，通过单体之间交错、递进，形成动感的整体节奏。外观上“力”字形的建筑形态给人以强大的视觉冲击

图 2–24　世博俄罗斯国家馆。展馆建筑既似花朵，又似“生命树”，12 个“花瓣”形成塔楼，顶部的镂空图案则表现了俄罗斯各民族的装饰特色

图 2–25　烛灯设计。灯火身都细高轻盈，颜色清雅，瓶子显得活力十足，体态轻巧

计，才会有很强的吸引力。物质的运动是绝对的，静止是相对的，但在人们的感觉中总把那些相对静止没有变化的物体当作是静止的。而我们所要创造的动感并不是实际的运动，正是要让相对静止的形体看上去有动态的感觉。正因为如此，设计师要创造一种“静止的动态”，也就是有动势的一种静态，就像一个在起跑器上准备起跑的运动员，虽然是静止的，但是我们能够感受到强烈的动势。在设计中，往往通过体、面的转折、扭曲，形体、空间的有节奏的变化，线形的方向的变化来表现形态的动感（图 2–26 ～图 2–28）。

图 2–26　船帆书架：简单的线条表现出强烈的动感

图 2–27　此桥外形壮观，形态富有线条美及动感

图 2–28　世博德国国家馆。展馆由自然景区和展馆主体组成，外墙包裹透明的银色发光建筑膜，主体由四个头重脚轻、变形剧烈、连成整体却轻盈稳固的不规则几何体构成，阐述了“和谐城市”的主题

4. 形态的空间感

空间感主要是指空间给人心理的感觉。这种空间的心理感觉是由形体向周围的扩张而产生的，心理空间是随着物体形态在空间变化中的大小所构成的一个视觉心理范围，也被称为知觉场。相对来说，高大的物体心理空间大，矮小的物体心理空间小，开放的形态心理空间大，封闭的形态心理空间小，如造型与造型之间的间隙空间。由于相对的造型之间具有强的力的作用，故而使得这种空间产生一种紧张的刺激感，例如两山之间的一线天、峡谷等形态，都给人以强

图 2-29 利用设计元素的形体和空间排列，衬托出空间感

图 2-30 建筑设计利用光影产生营造的空间感

烈的视觉感受。空间的进深感也是比较重要的一种，增强进深感的方法有很多，可以在进深方向上安排适当的形体，通过对形体大小、位置等的处理，增加空间的层次；也可以通过加强透视感，夸张物体近大远小的渐变，使空间产生一种距离感；还可以通过镜子等的反射来加深空间感（图 2-29、图 2-30）。

2.1.3 创意的形式美法则

人对美的感受具有主观性，然而美的存在又是客观的，它在一定时期、一定的地域内，具有共识性，是能够进行客观的衡量和评判的。设计师正是利用这种形态美的共性，加之个人情感的发现，来挖掘、创造美的形态。

意大利美学家克罗齐曾经指出："在哲学词汇中，'形式'和'内容'有着众多的不同意义"。在现实中，任何事物都是内容和形式的统一体。形式代表了内容外部的表现类型、内在结构和本性。内容和形式是构成产品不可分割的两种要素，设计产品的内容就其功能而言，内容决定形式，形式依随功能，似乎成了形式与内容相互关系的最好注脚。抽象的形式美主要是指产品的外部形式所产生的美感。法国美学家拉罗认为，工业产品的美是多种要素的组合。产品的形式是材料和结构的外在表现，是由一定的线条、色彩、形体、声响等表现在产品外部可以直接感知的物质属性所构成的整体。抽象的形式美可以通过产品设计，借助于一定的物质媒介创造出一种具有情感意蕴的形象体系，这种形象体系可以是一种视觉或听觉的审美存在，也可以是一种物质实现，不仅具有物质功能，同时也具有精神功能。

抽象的形式美一方面包含了色彩、形态、肌理的美，就如黑格尔所说的"感性材料的抽象统一的外在美"，是构成形态的自然物质材料的美。其中的形式美感直接来源于构成形态的基本要素，即点、线、面所产生的生理与心理反应，以及对点、线、面形式意蕴的理解。例如，在点、线、面这三个形态要素中，线是最活跃、最富情感的要素，平面上的形以及空间中的形态，其产生的轻快与严肃、复杂与单纯、安定与轻巧等情感性质无一不与线密切相关。材质感和肌理美作为基础设计的可视和可感的要素，对人的视觉或触觉都会产生不同的感应和刺激，这些不同程度的感觉，就会使人产生不同的心理和生理效应，因而产生不同程度的美或不美的感受。在另一方面，自然物质材料的空间排列组合构成基础设计符合抽象形式美的规律。在设计中抽象形式美的最终体现是设计的造型必须符合形式美的规律。当色彩、形态、肌理材质等形式要素的组合符合对称于平衡、调和与对比等形式规律时，就会使人产生美的感觉。产品设计的形式美与所有事物的形式美一样，遵循着共同的美学原则。在同一件产品的设计上，往往涉及了"变化与统一"、"对比与调和"、"对称与均衡"、"比例与尺度"、"节奏与韵律"等形式法则的运用。统一使人感到整齐，变化可以打破单调与乏味，对比强调个性，调和则突出事物间的共同属性。在基础设计中运用抽象的形式美，要以创造可以充分发挥所设计产品的功能效用与审美相统一的形式为最高准则。当然，形式美法则也不是一成不变，随着时代的进步，人们审美观念的更新，抽象的形式美也必然会随之发生变化（图 2–31、图 2–32）。

产品的造型设计必须符合形式美的规律，当色彩、形态、材料肌理等形式要素的组合符合形式规律时，才会产生独特的形式美感。就形态因素而言，产品的表面装饰比改变其形体结构具有更多的自由度。

形式美的法则有对称与均衡、对比与调和、安定与轻巧、比例与尺度、节奏与韵律等，其中每点的双方既有矛盾的因素，又相互联系、相辅相成，反映了事物发展的对立统一规律。对立与统一使矛盾的双方有机地体现在一件作品之中，没有对比只有统一，则单调乏味，只有对立没有统一则会显得杂乱无章。矛盾双方共同作用、有机结合，在统一中求变化，在变化中求统一，在对立与统一中形成形式的美。

图 2–31　螺旋吊灯——螺旋上升的形状，充满了节奏和韵律，像拉花一样的漂亮灯具

图 2–32　材质感和肌理美在产品上的体现。2010 年米兰家具展：The Missoni Aalto Tank Chair

（1）对称与均衡

对称，即以物体垂直或水平中心线（或点）为轴，其形态上下或左右、或中心对应，包括绝对对称和相对对称两种形式。绝对对称是指对称的形态一模一样，毫无差别；相对对称则是指对称的形态稍有区别，但总体感觉还是相同的。对称的形式美感，具有一定的规律性，是统一的、正面的、偶数的、对生的。在形态设计中，对称的表现手法经常被采用，它是较好的表现形式，有庄重、大方、静穆、条理、完美、稳定之感。自然界中到处可见对称形式，各种动植物的形态，绝大部分是以对称形式出现的，人体就是最好的范例。在艺术设计中，从古至今其范例随处可见，从中国古代青铜器的饕餮纹和中外历代的宫廷建筑、宗教祭祀建筑，到现代的家具、交通工具等，都是以对称为主的。

均衡，即在形体的某一个轴（可能并不是实际存在的）的左右或者上下的形态并不完全相同，但两者形体的质与量等方面却有着相同的心理感受，也称为"非对称的平衡"。这就像天平，两端的物体可能完全不同，但是通过合理的配置它还是能够保持平衡。均衡具有一种变化的活泼感，是侧面的、奇数的、不规则的，如果处理不当，容易产生失衡和杂乱之感。在形态设计中，如何处理形体的虚与实、整体与局部、表与理、色彩的组合以及其他要素的构成关系，是获得良好均衡感的关键。通常，大的形体比小的形体心理量感强烈，高彩度形体比低彩度形体心理量感强烈。在形态处理当中，当一边的形态过大而感到不平衡时，可以通过对它进行分割，来弱化它，从而获得均衡；也可以通过将量小的一边远离虚拟中轴的办法来获得平衡（这个方法类似于我们的杆秤的原理），当然也可以通过色彩的处理来解决（图2-33）。

（2）对比与调和

对比，是指在一个造型中包含着相对或相互矛盾的要素，是两种不同要素的对抗。"绿叶红花"讲的是色彩的对比，"鹤立鸡群"讲的是形体的对比，直与曲、动与静、简单与复杂等都可以构成对比。应用对比的设计手法，可使形态充满活力与动感，又可起到强调突出某一部分

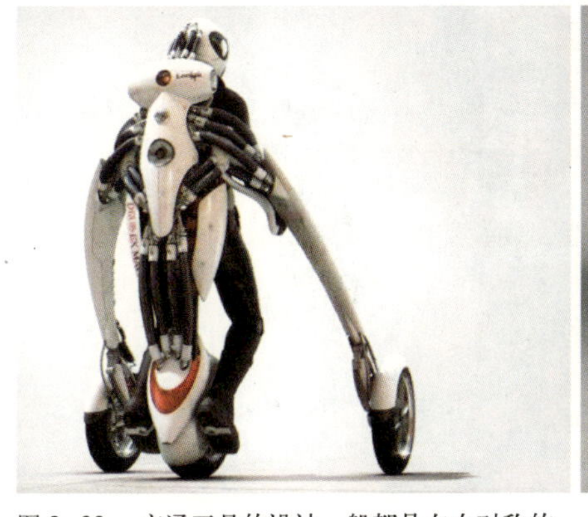

图2-33　交通工具的设计一般都是左右对称的

或主题的作用，使作品个性鲜明。

调和，是指整体中各个要素之间的统一与协调。调和可使各要素之间相互产生联系，彼此呼应、过渡、中和，形成和谐的整体。就形态而言，包括点、线、面、体等诸多要素的调和，通过对诸因素的调和处理，可获得形态构成美的秩序。

形态的对比与调和包括线形、体形、方向、虚实等方面。这个法则是形态设计中最富表现力的手段之一，既可强化和协调形态的主从关系，又能充实形态的视觉情感。但是在具体的运用中也要注意，如果对比行之过度则易产生杂乱之感，而调和过度则显得静止、缺少活力。该法则的运用，要形成一种整体的观念，既要考虑主次关系，因为运用对比手法，本身就是为了强调对比中的某一方，所以对比的双方不可以等量齐观，要有所侧重，这样才能突出要表达的主题；但是也不可以对比过于强烈，使形态失去整体的协调性。应力求在对比中寻调和，在变化中求统一。当然这个"度"的把握有一定的难度,需要在实践中慢慢领悟（图 2–34、图 2–35）。

（3）安定与轻巧

所谓安定，是指形体客观物理上的稳定性与主观视觉心理的稳定感。形态要达到平衡才能稳定，平衡包括对称所产生的绝对平衡和均衡所产生的相对平衡。三原形体具有很好的安定性，所谓三原形体是指正立方体、正三角锥体和球体，这三种形体是构成立体形态的基础，也是外形最为肯定的形体。影响形态稳定的因素还有重心高低、接触点面积大小、数量的多少等方面。形体尺度高则中心上移，容易形成轻盈之感，形体尺度低矮则重心下降，给人稳重踏实之感；形态底部与承托物之间触点面积较大，则稳定感强，反之则轻巧感强。在形态设计中，巧妙地利用线、面、体的分割与组合也能够使原本显得粗笨的形体变得轻盈灵巧。

图 2–34　椅子设计中的对比与调和，不同的形态和材料被有机地结合在一起

图 2–35 Dancing house，建筑中对比与调和的处理

安定与轻巧的处理，同样是需要统一的，过分安定，则显得笨重，过分轻巧则显得不够稳重。安定与轻巧的相互关系，没有具体的尺度，一般形体小或薄、质轻的产品主要强调安定感；形体大而厚、质重的产品主要强调轻巧。设计的过程就是一种权衡，根据产品的用途、材料、使用对象等作具体分析，做出恰当的处理（图 2–36 ～图 2–38）。

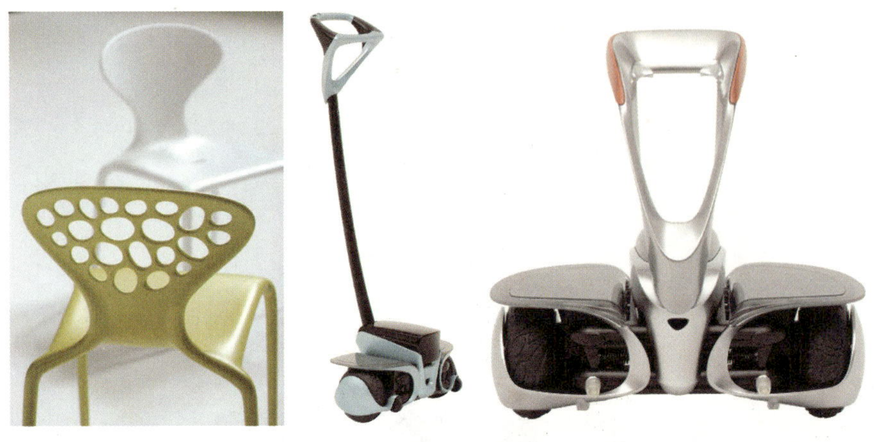

图 2–36
产品的轻巧感

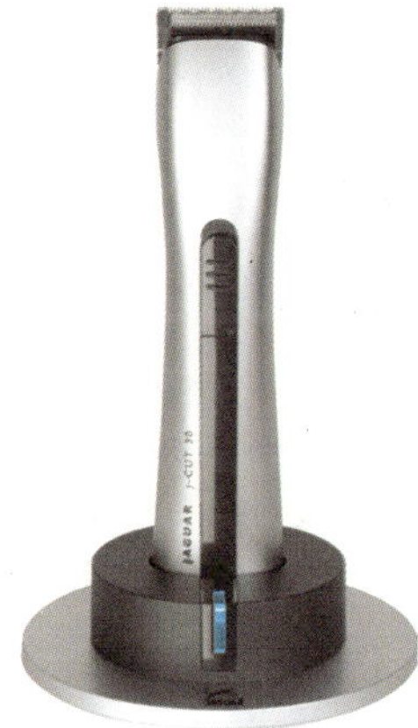

图 2–37
产品的稳重感

图 2–38
建筑形态中安定与轻巧的统一

（4）比例与尺度

比例，是指部分与部分，或部分与整体之间的数量比率关系，即形体相互间美的关系，对于产品来说，是指产品形态自身各个部分之间的比例。

黄金分割比（1 ∶ 1.618）是全世界公认的一种美的比例，约在公元前500年的毕达哥拉斯学派，从纵、横线的比例关系和从数的量变中发现了黄金分割法。黄金分割率于是被广泛地使用，后来在古埃及、希腊的神殿、城市规划等都有运用。这个比例也与人体有着密切的关系，人体的尺度中存在着大量黄金比。若以人眼的视阈范围衡量黄金比，其数比关系所构成的形态与人的视圈极为和谐，这就是黄金比成为最美的比例的原因之一。在产品设计中，黄金分割率也经常被用到，比如产品上下形之间的分割（图2–39、图2–40）。

图2–39　+–0的计算器设计

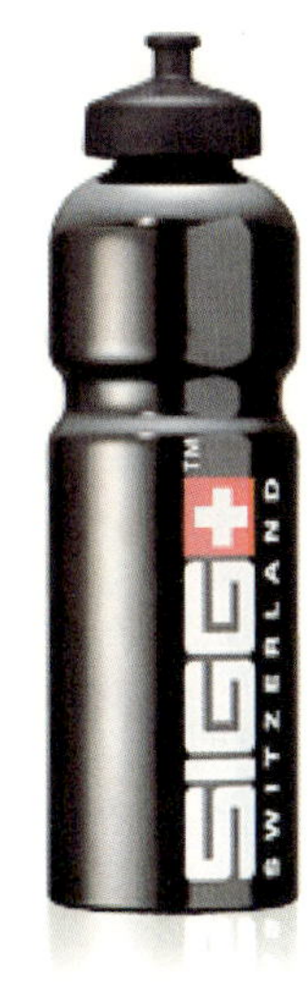

图2–40　希格水壶设计

关于数的比例关系还有多种，例如根号数列比、等差数列、等比数列、费波拉齐数列比等，也都有着广泛的运用，比如我们常见的书籍，其长度与宽度之比，大部分是平方根的关系。

所谓尺度，是指形态与人的使用要求之间的关系。一般来说，尺度都有一定的尺寸范围，是受人的体形、动作和使用要求所制约的，不能任意超越，并有特定的合理性。优良的设计，都同时有着合理的尺度和美的比例。

建筑物有严格的尺度标准，它关系到建筑的功能性和经济性，是衡量设计是否合理的标准。各种产品，也有不同的尺度要求，例如普通椅子的椅面高45厘米左右，因为这符合一般人的坐高，太高或太低坐起来就不舒服，所以产品形态各部分之间的尺寸关系，必须在一定的尺度范围内来权衡美的比例（图2–41、图2–42）。

图2–41　贝聿铭的伊斯兰艺术博物馆

图2–42　索物萨斯设计的eneco–navy–chair

（5）节奏与韵律

节奏与韵律是指同一现象的周期反复，原为诗歌、音乐、舞蹈的基本原理，与时间和运动有关，运用于形态设计，则是指形态要素的规则反复。

节奏与韵律是一切艺术的基本表现形式，他之所以使人产生律动的形式美感是直接受制于自然规律的缘故，季节的更迭，昼夜的交替、人体的新陈代谢及运动规律都是鲜明的体现。

“节奏如筋骨，韵律如血肉”是指音乐中的强弱、快慢、长短、高低有序的曲调，在节奏的强化之下产生情调，唱而润之，琅琅上口，形成“韵律的美”。建筑之所以被认为是凝固的音乐，那是由于建筑立面窗子与空间构件的柱子等所表现出的反复的节奏与韵律感所致。

在设计中，线条的疏密、刚柔、曲直、粗细、长短和形体的方、圆等有规律的变化，可以形成形态的节奏与韵律。

在具体的形态设计中，我们可以利用反复、渐变来表现律动美。将一个或数个形态元素做有规则的连续重复或间隔组合，可获得律动的美感，当然这个形态元素不可过多，否则容易显得凌乱，看不出节奏的变化。以渐变表现律动的方法是基于数理的规则变化，即按一定的数比关系与秩序规则进行组织。当然，我们也可以将两种方式合在一起运用，这样可以形成复杂的节奏与韵律关系（图 2–43、图 2–44）。

图 2–43　建筑设计的节奏与韵律。马来西亚住宅设计。设计上吸收了传统伊斯兰教的设计风格，并且引用海洋生物的结构和渗透性，设计出独特的造型

图 2–44　节奏与韵律。充满节奏和韵律感的雕塑设计

2.2 形态创意与文法

对事物的认识，我们有“片面”和“全面”之说，“片面”，也就是从一个角度来看问题，而“全面”，则是多角度、全方位的认识事物，一般来说，一开始的认识可能“片面”，而后对事物的了解透彻了才达到“全面”认识。对于形态来讲，我们的认识也具有先从平面形态开始然后才是立体形态的一般规律。在学习的过程中，我们也是从平面逐步走向立体的，我们一般都是先学习平面几何、再学习立体几何；先学习平面构成，然后学习立体构成。

从形态的发展、演变来看，一般地说，存在着以下的递进关系：

平面 → 半立体 → 立体 → 空间 → 场所

“半立体”主要是指立体感不是很明显的、介于平面和立体之间的浮雕型形态，比如产品面板、墙的立面设计等，也称为“二点五维”；所谓“立体”这里主要是指“实体”；“场所”则是一个建筑和规划的概念，它加入了人的活动因素。当然，这里所说的递进关系并不是绝对的，我们之所以这样分，主要是为了能够更好的理解他们之间的关系。

平面的视点在形态构思中有着非常重要的作用。很多复杂的立体形态是由平面材料所建构起来的，比如折纸艺术，简简单单的几张纸，却能够折出让人惊叹的无数造型；用纸板材料所做的包装，也具有同样的特点。服装设计也是很好的例子，服装的造型千变万化，然而所用的材料却都是平整的布匹。在现代家具设计中，由于热压成型技术的运用，很多造型生动活泼的家具都是由简单的夹板材料加工而成（图 2–45 ~图 2–49）。

图 2–45 蒙德里安的抽象画

图 2–46 根据蒙德里安的抽象画所设计的服装

图 2–47　和田直人对蒙德里安的抽象画所做的立体化

图 2-48　里特维德设计的红蓝椅，是对蒙德里安的抽象画所做的立体化

图 2-49　里特维德设计的乌得勒支（Utrecht）地方住宅，也是对蒙德里安的抽象画所做的立体化

在图学中，形体是利用正投影的视图来表达的。在计算机三维辅助设计中，模型的建立常常需要确定“基准面”，“基准面”对于形态的建立，有着非常重要的作用。同时，在计算机三维形态的生成中，平面形态的确立也是重要的一个环节，在很多情况下，对于一些立体形态，我们往往是先确定它的“截面”，然后对“截面”沿某一路径进行拉伸，以形成形体，这在计算机辅助设计中，是一个很重要的思想和方法。

在产品和建筑设计、环境规划中，我们也总是离不开平面图，对平面视角的思考有着基础性的作用。用平面视图来构思设计方案，这是目前产品设计的一个重要的思路与方法。虽然大部分的产品都是立体形态的，但是在很多情况下产品的形体往往能够区分出一个一个的面，而且很多产品并不是每个面都一样的，总会有一个或者几个面是最主要的，这样对于其中某个面的设计，就带有很强的平面特点，尤其是类似于影碟机之类的面板设计。这种方式对于考虑产品形态的细节和布局非常有利，而且便于沟通（三维设计由于透视的原因，形体往往会变形），同时修改方便，所以现在很多设计公司都用平面图来做前期的方案（图 2–50）。

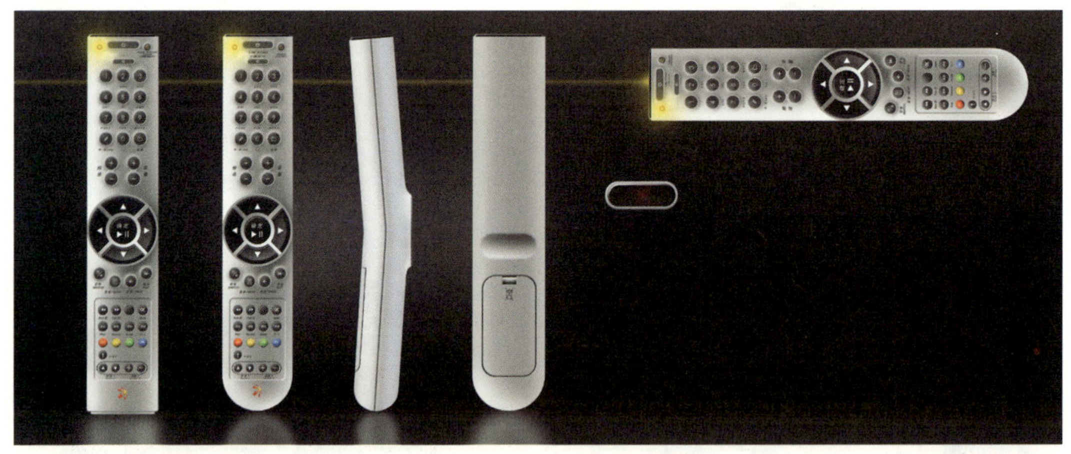

图 2–50　平面法的产品设计

将平面的二维元素转化为三维立体形态，其基本模式为——“形态要素 + 运动变化”。例如，面材经过弯曲、折叠、插接等空间变动，就能从二维变成三维立体；经过折曲的面材可以得到清晰的棱角线条，同时也增加了形体力度和强度。将平面的二维图形元素通过切割、折叠、穿插、固定、剪切、折曲、卡接等方法，单独、重复或混合使用，可以转化成为三维立体，并由于成形方式和方法的不同，可以得到多样的形态。观察现实生活中的家具产品，我们可以发现许多家具的形态都是基于基本的二维图形的立体化延伸，然后在造型处理上表现出不同的细节变化（图 2–51、图 2–52）。

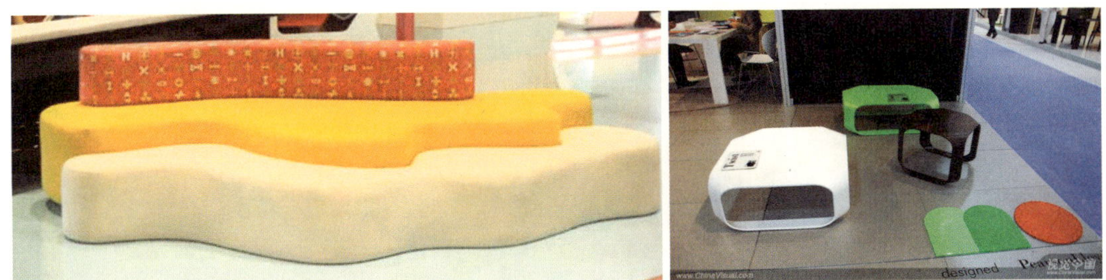

图 2–51　由二维图形的立体化延伸而来的家具设计

图 2–52　一组茶几设计。均由一块平面材料变化而成

图 2–52　一组茶几设计。均由一块平面材料变化而成

2.2.1　形态的构建

基础形态主要是由方体、柱体、球体等几何单元体组成，它们大都具有单纯、统一的美感，因而在基础设计中常被用于作为产品形态的原型。但未经改变或设计的几何形态往往显得过于单调或生硬，因此，在造型过程中需要根据产品的具体要求，对一些原始的几何形体作进一步的变动和改进，如对原型进行切割与积聚、分割与重构等造型处理，来获取新的产品形态的雏形，并在此基础上再通过对形态的深化和细部设计，最终获得较为理想的产品形态。

一般的形态创造的基本方式有两种：切割与积聚。

所谓切割，就是对一个立体形态做“减法”，使之“失去”或“分离”，在体量上表现为减少，从而产生新的形态。如雕塑家在创作石雕或木雕的过程中，就是将一块完整的材料进行雕凿或切削，将不需要的部分去掉，形成一个具有一定形态的艺术造型。

相对应的，积聚就是对一个形体做“加法”，使之“获得”或“组合”而产生新的形态，在体量上表现为增加。同样的，与石雕和木雕的“减法”创作方式不同，泥雕的创作过程主要以“加法”为主，雕塑家通过对一块块材料的堆积，形成具有一定形态的艺术形象。

产品形态的创造，也同样是这两种基本方法作用的结果，一些产品形态的形成可能以对某一特定基本形的“切割”为主，而另一些则可能以“积聚”为主，当然更多的则是这两种方法结合运用的结果（图 2–53、图 2–54）。

分割与重构也是形态创造的一种方法，它们其实是特殊形式的“切割与积聚”。

所谓分割就是将一个整体或有联系的形态分成独立的几个部分；重构则是将几个独立的形态重新构建成一个完整的整体，这两者是一种互逆的关系。将单纯的几何形态进行分割，由于分割后的体块来源于同一个整体，因而具有内在的完整性，分割后的块体之间通常还具有形态

图 2–53　以切割为主的作品

图 2–54　通过形态的切割和积聚创造的产品形态

和数理上的关联性和互补性，再通过贴加、分离和翻转等构成手法对分割后的单体进行组合、重构，从而得到形态优美、富于变化的产品形态（图 2–55）。

图 2–55　以自由组合的沙发，就像一套积木一样，另外，它还可以拼凑成一堵墙，一堵沙发墙

分割与重构在基础设计的造型中可以看做是“破”与“立”的关系。“破”可以理解为“破坏”、“突破”。“破坏”本身并不是目的，通过“破坏”行为，来产生偶然或刻意形态，这是形态创造的一个途径。通过“破坏”可以使失去活力的形态重现新的生机，在此基础上再加以变化，从而创造出新的形态，也就是达到“立”。“突破”则是对既定框架的一种超越，是事物的一种成长，也就是一种创新。所以我们说“破”也是一种创造的形式，不破不立，“破”壳而出，这是经由蜕变而获得新生，从而展现出新的形象与本质。平时在设计中我们经常提到的把某一个形态“破”一下，其意义和目的也就在于此。当然“破”的目的是为了“立”，这是一种辩证关系，如果“破”而不“立”，那么“破”就变成了真正的破坏行为（图 2—56、图 2—57）。

分割和重构与切割和积聚这两种方式的区别主要在于，分割和重构是针对一个特定的单元整体进行的，在整个过程中没有量的增加和减少，仅仅是形态发生了改变。而切割与积聚则没有原始形态的限定，形态创造的过程中伴随着量的改变。当然在基础设计过程中，其最终形态不是单纯依靠切割或积聚就能获得的，往往需要这些方法的综合利用，进行混合运算，才能创造出千姿百态的优美造型。

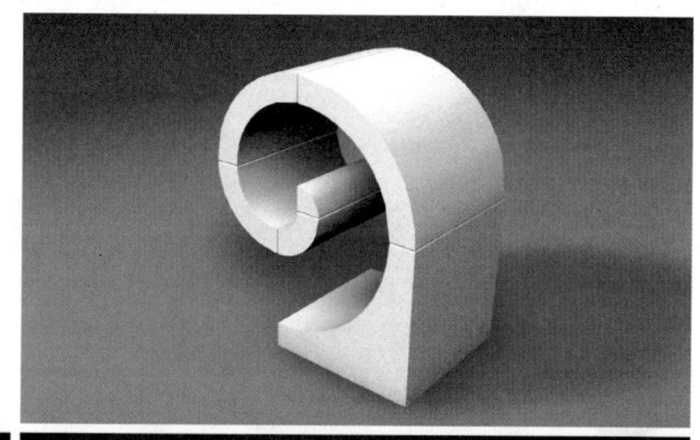

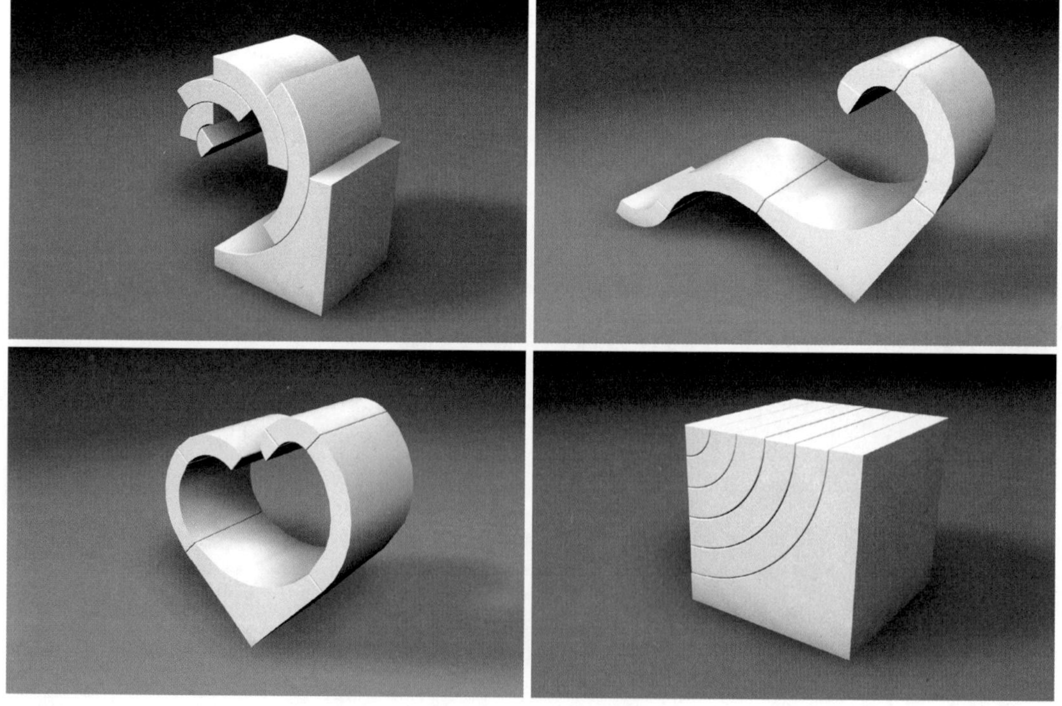

图 2—56　立方体的分解与重构案例 1

图 2–57 立方体的分解与重构案例 2

2.2.2 形态的组合

所谓形态的组合就是指几个独立的形态组成一个有机的整体。任何复杂的形态都是由相对简单的形态所构成的，将几个相同或不同的独立形态单元，通过分离、接触、相交（穿插）等方式组成一个有机的整体，就是创造复杂形态的一种方法。这些形态单元可以是互不相同的，也可以是相同的。

多个单元体的组合，需要很好地运用形式美的原则和方法来获得整体而优美的形体感。形态的组合，不仅要考虑形态单元之间的关系，还要强调形态组合的合理性和整体性。组合形态的整体感是非常重要的，它直接影响形态的表现效果，同时一定要结合产品内部需要来进行，切忌杂乱无章的盲目组合，毫无根据的创造所谓的“构成感”是不可取的（图 2–58）。

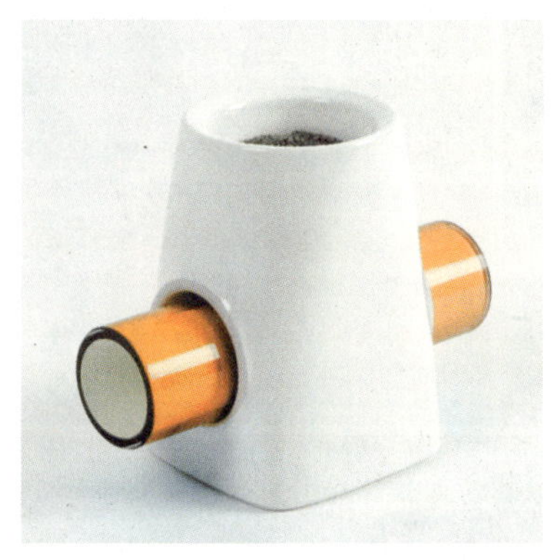

图 2–58　由几何体的组合所构成的产品形态

为了创造更加多样化的形态，我们可以在考虑整体性的前提下，同时考虑形态组合的多样性、互换性和兼容性。用最少、最单纯的形态单元（这些单元之间必须有着密切的内在联系），利用这些单元的排列组合，来创造出最丰富多变的形态。这种组合的形态也具有其独特的审美价值，通过单元形态的有规律的排列和组合，能形成稳定、有秩序而简洁的外观形态。由于很多排列组合形成的形态都具有内在的数理逻辑，因而给人以理性的美感。同时，通过不规则基础单元形态的组合，也能得到具有美感的产品形态（图 2–59）。

在产品设计中，如果在考虑形态组合的同时，再结合功能的因素，就形成了产品设计的一个重要方法：产品的模块化设计，这也是现代设计的一个重要思想和方法。

契合是一种特殊的形态组合方式。形态的契合是指形态与形态之间相互紧密配合的一种关系，也就是将我们平面图形中的“共线共形”运用到了立体形态上，成了“共面共形”。这种方式是根据形态的基本功能要求，找出形态之间的相互对应关系，如上下对应、左右对应或正反

图 2–59 产品形态元素的重复和组合

对应等，使创造出来的形态互为补充，使各自独立的形态，通过形态契合设计，形成新的统一体，从而达到扩大形态的功能价值，合理地利用材料，节约空间，方便存储等目的。

同时，通过形态契合能巧妙地将构造的构成形式与丰富多变的外观形态互为统一，相得益彰，使形态表现出感性与理性交融的美感，并从中领略设计创造的内涵。对形态契合的探讨与研究将有助于拓宽设计的视野，丰富对形态的想象力和创造力（图 2–60、图 2–61）。

图 2–60 长凳是一个结构和美学都很经典的设计，通过减少两个腿的长度，得到了更灵活的组合方式，叠罗汉的组合方式，用户可以根据自己的需要改变其叠加方式

图 2–61 设计师 Yonghee Cho 和 Saehee Lee 精心设计的快乐之窗，非常适合放在窗边，欣赏风景时能拆分成小桌子和两把小椅子，平时能组合成一个桌子供你使用

形态的契合与我们前面讲过的形态的“分割”与“重构”有很大的关系，这是形成形态契合的一个重要方法。因为形态“分割”与“重构”是针对一个整体而言的，将一个形体“一分为二”，也就意味着它们之间必然有“相邻”、“重合”的部分，也必然存在着契合关系。可以说，这是设计中的一种比较理想、特殊的情况。在设计的过程中，我们可以运用系统的思想，构想出一个“整体形态”，然后用“分割”与“重构”的思考方法进行，这样有利于契合形态的创造。

2.2.3　形态的过渡

几个独立的形态要形成整体，就必然存在过渡问题。在形态的创造中，将两个或两个以上的形态，通过一定的处理手法，有机地联系在一起，成为一个整体，就是形态的过渡。对于一个简单的形态，比如一个蛋，它只有一个完整而单一的形态，没有过渡的问题，然而在大多数情况下，我们面对的形态是相对复杂的，它们可以被分解为一些基本的几何形态，包括立方体、球体、锥体等，这些最基本的形态通过“重构”与“积聚”等方式组成一个整体，在这个整体中，任何基本形态都不是独立存在的，一个形态与另一个形态之间必然要建立联系和过渡（图 2–62）。

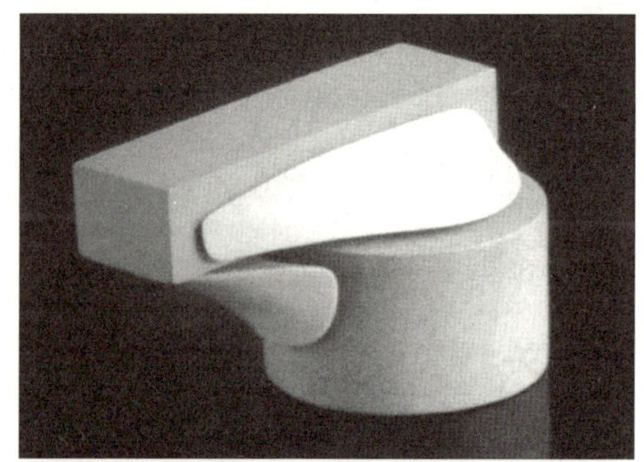

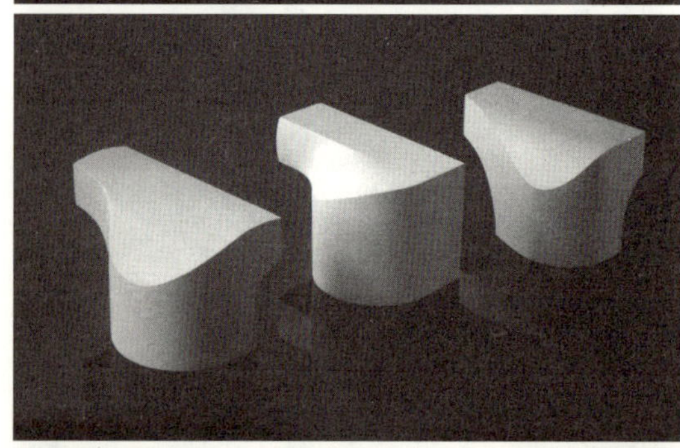

图 2–62　形态的过渡

形态的过渡应体现出所用材料的属性与塑造的特点。同时，形态的组合与过渡涉及形态之间的物理连接，关于这一点，我们会在以后的章节中讲到。在这里，我们只是单纯从形态的角度来考虑它们之间的过渡问题。

立体形态的过渡有两种形式：直接过渡与间接过渡。

形态间的直接过渡是指一个形态简单的加到另一个形态之上，两个形态之间没有第三个中间形态出现。这种直接过渡的特点是在形态相接触的过渡区域内，形体转换明确，关系清晰，形态简洁硬朗，但是在有些情况下，这种方式会显得生硬，不够自然。

形态的间接过渡是指两个或多个形态在组合时，有一个形态作为过渡区域出现，将这几个形态统一成为一个有机的整体。形态的间接过渡强调形态之间组合后的整体美感，除了要考虑过渡区域形态上的创意，还要注意形态与形态组合的合理性，过渡要自然，同时不能喧宾夺主（图 2–63、图 2–64）。

我们知道，立体形态之间的关系有分离、接触、相交三种，对于形态间接触和相交这两种情况，直接过渡和间接过渡都可以，而在分离这种情况下，则必定是需要中间联系的间接过渡。

在产品设计实践中，形态的直接过渡与间接过渡也并不是绝对的，在直接过渡的情况下，两个形态间也必然有过渡性的区域存在，当这个过渡性的区域比较大时，也就转变成间接过渡了。

形态间的过渡是一个重要的细节处理，对于形态的塑造有着关键的作用，它往往关系产品形态的成败，不仅反映出设计师对形态的把握能力，也反映出他对内部结构与外在形态的统一性的理解程度（图 2–65）。

图 2–63　形态之间的直接过渡。别致的桌脚固定器

图 2–64　形态之间的间接过渡。Channels 最新家具系列

图 2–65　形态的过渡与形态之间的呼应

2.2.4 形态的演变

关于形态的演变，实际上我们在前面基础形态的创造中也已提到，立体形态的分割与重构、切割与积聚等也是一种形态的演变方法，当时我们主要考虑形态的创造，而在这里，我们主要强调形态与形态之间的演变关系。

形态的演变包括几何形态的演变和自然形态的演变两大类。

（1）几何形态的演变

几何形态的演变包含两个方面，几何形态之间的演变和几何形态向产品形态的演变。几何形态之间的演变主要是指不同的几何形体之间的一种转化，由于几何形体之间具有内在的联系，所以，通过有规律的变形，可以实现相互之间形态的演变。这种演变，其目的也是为产品形态的创造做准备。我们可以用一个基本形态作为出发点，逐级变形，形成其他完全不同的形体，然后再通过一定的变形，回到原形。我们也可以对同一个形体的不同部位进行变形，使其在形体的部分与部分之间出现形态的演变（图 2–66）。

在几何形态的演变中，我们可以对造型整体或局部施加力的作用，进行拉伸或膨胀，或运用形体大小、方向、位置的变化，产生形态的变化，也可以通过对形体的线、面等作变形处理，来改变形态。

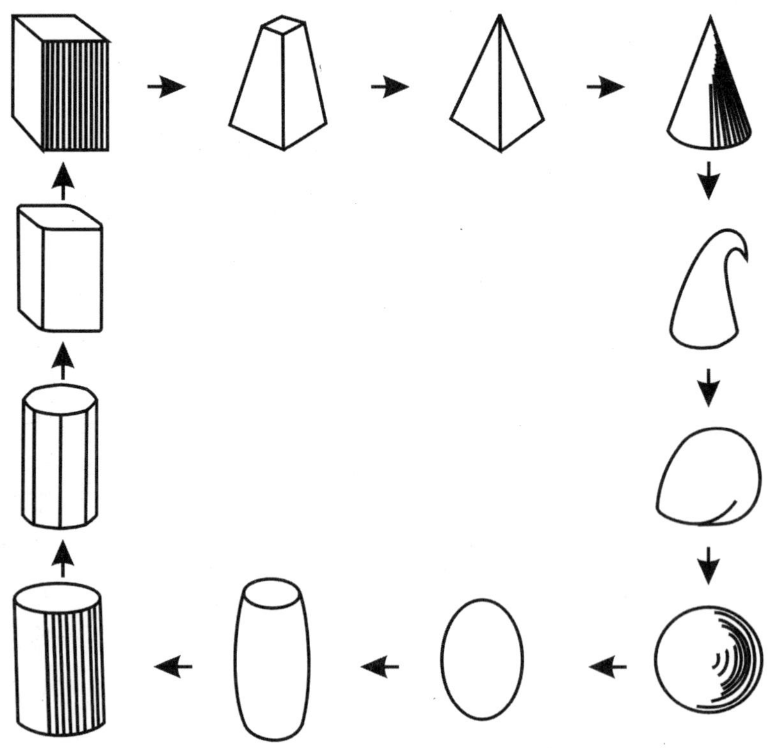

图 2–66 几何形态的演变

运用基本的几何形体进行产品形态创造的造型方法，我们在前面的内容中已经提到，这是产品形态创造的主要方法。通过对基本几何体的塑造，可以创造出丰富的形态。我们所接触的产品形态，很多都是从基本几何体演变而来的。例如，正六面体及其变形是最常用的形态，冰箱、电视机、桌椅、柜子等大多是以它为基本形演变而来的。

具体地说，一般可以细分为几何基本形造型、单体变形造型、组合造型等。基本形造型是运用球体、立方体、锥体等基本几何体，通过较少的变化、转换直接发展成产品形态的造型方法。如方形的电冰箱、圆形的灯具等。单体变形造型是在基本几何体原形基础上，经过“切割与积聚”等手段获得新的形态的造型方法。几何体组合造型则是将两个或两个以上的几何块体，通过积

图 2–67　几何形态向产品的演变

聚、重构，组合成有序的、互相关联的整体形态的造型方法。

（2）自然形态的演变

德国著名设计大师路易吉 · 科拉尼曾说：“设计的基础应来自诞生于大自然的生命所呈现的真理之中。”自古以来，自然界就是人类各种科学活动及技术发明的源泉。生物界有着种类繁多的动植物及其他物种，它们在漫长的进化过程中，为了求得生存与发展，逐渐具备了适应自然界变化的存在方式，成为一种合理甚至完美的形式。因而产品的形态除了可以从抽象的几何形态演变而来之外，还可以由现实的自然形态演变而成，这种演变方式形成了一种重要的设计方法——形态仿生设计。

模拟自然物的创造由来已久，但是仿生学作为一门独立的学科却是 20 世纪 60 年代后的事，它的创始人是美国空军宇航局的少校 J · E · 斯蒂尔。仿生并非完全的模仿自然，而是运用仿生学原理对自然界中的生物以及其他物质的形态进行分析、研究，借助对象形态的特征，启发构思、发挥想象力进行再创造的造型方法。1505 年达 · 芬奇曾模仿蝙蝠的构造，构想绘制了飞行器的设计草图。科拉尼的交通工具、照相机等产品的设计，把仿生形态造型的创造提高到了新的境界，形成了自己独特的造型风格。

仿生设计是对自然界（特别是生物界）的一种模仿形式，它包括形态仿生、功能仿生和结构仿生、色彩仿生等。形态仿生是研究生物体（包括动物、植物、微生物、人类）和自然界的其他物质存在的外部形态及其象征寓意，并通过相应的艺术处理手法将之应用于设计之中。功能仿生主要研究生物体和自然界物质存在的功能原理，并用这些原理去改进现有的或建造新的技术系统。结构仿生则主要研究生物体和自然界物质存在的内部结构原理在设计中的应用问题。色彩仿生指模仿自然界的色彩制成产品的外观颜色，如迷彩服等。

这里我们主要讨论形态仿生，也就是由自然形态向产品形态的演变，通过夸张、简化、变形和组合等手段。具体地说，首先根据所要设计的产品的特点和要求，从自然界中选取一个或一组对象，选定了对象后，对该对象的外部形态进行分析，把握它的形态特点，然后去除无关因素，并加以简化，把具象形态转化为可以利用的形式，并考虑用具体的物质材料和工艺手段创造出适合所要设计的产品的形态。仿生形态设计所选取的自然物要求在功能和结构上跟所要设计的产品有一定的联系，这是很关键的一点，可以使得具象形态能够很自然的演变成产品形态，并能恰当的体现产品的寓意，否则就会显得牵强。

我们前面说过，形态有“形”和“神”两个方面的内容，仿生形态设计主要是通过对自然之“形”的特征的运用最终达到形态的“神”似，应该说形似和神似两者中更强调后者，是一种抽象的模仿。如果我们只是停留在“形”的层面，直接临摹生物的形态（也就是具象的模仿），而没有进行更多的演变，则会停留在卡通化形态设计的层面。

图 2–68　2009 年伦敦设计节作品

图 2–69　Phrena 吊灯是设计师 Karl Zahn 与 Artecnica 第一次合作的作品，吊灯形状就像一朵绽开的莲花

自然形态向产品形态的演变设计要求设计者必须具有扎实的生活基础、正确的认识事物、把握形态本质的能力，只有这样，才能从自然界的原生状况中寻找设计的灵感。仿生形态蕴含着生命的活力，丰富了造型设计的形式语言，是设计创新的源泉。仿生设计作为人类社会生产活动与自然界的契合点，使人类与自然达到了高度的统一，正逐渐成为设计发展过程中新的亮点。

每个形态都有自己的表情特征，如果我们在这个形态的基础上，保留这种特征，然后进行形态的演变，就可以创造出一组系列化的形态。形态的系列性或成组性是指这些形态彼此具有相同或相似的形态特征，也就是形态具有统一性。

在形态系列化的演变中，把握形态的特征是最关键的，所有演变后的形态都不能脱离这个特征，否则就形不成同一系列，当然，这个特征也并不是一成不变的，而必须结合具体的形态作相应的变动，否则这种系列感就会显得单一和呆板。在进行形态的演变时，我们可以通过形的近似、形的重复、形的渐变、形的等差级数的组合等来进行形态的变化与统一，创造出既富于变化，又具有统一感的形态。

在产品设计中，通过这种形态统一性处理，可以使体量不同，功能各异的产品形成系列。产品的系列化是产品非常普遍的一种存在形式，一个特定的公司对于同一品牌的、同一种类的产品，往往以系列的形式推出。当然系列产品的类型很多，有成套系列、组合系列、家族系列、单元系列等，同时能够形成产品系列的方式有很多，除形态外，还包括材料、色彩、肌理、装饰等，在这里我们主要考虑形态因素。系列化产品具有加快开发、生产速度，降低生产成本，提高产品的市场竞争力等众多优势。其中产品形态的系列化对于强化产品的形象、扩大品牌的认知度等具有非常重要的作用（图 2–70、图 2–71）。

图 2-70　意大利公司 Il Coccio Design 最近推出由 Patricia Urquiola、Fernando Brizio、Alfredo Haäberli 等多位设计师设计的白色陶瓷加湿器，该系列由 9 个不同造型产品组合而成，在 2010 巴黎国际家居展中展出

图 2-71　Vij5 设计的 FlexVaas

2.3　形态创意与提炼

现代产品除了需要通过设计来满足人们的使用需求之外，还要通过设计来传达设计对象所承载的思想、情感和信息。就像文字是一种符号，人们利用文字符号对思想、信息进行表述和传达一样。关于基础设计的要素，如法则、方法、意义以及表现形式等，也是一种符号，设计师通过某些约定俗成或者具有共同理解的形态创意元素，去赋予产品以特定的信息和关于这些信息的意义。

在中国五千年的历史长河中，孕育了无数文化和艺术的明珠，它像是一个宝库，为设计提供着丰厚的传统文化符号。例如，象形文字、青铜器、陶器、建筑、雕塑、书法、绘画、剪纸、茶文化、饮食文化、家具、武术、杂技、京剧、皮影戏等。现代产品想要具有能走向世界的中国特色，就需要找到一个能结合本土文化艺术传统，并可持续流行的形态创意元素，然后再通过适当的造型技法和工艺，将这些形态元素组织设计成一个完整的产品。产品设计依托视觉符号向消费者传达产品语义，就必然要借助形态元素来传达社会文化的内涵，利用从中提炼出来的具有传统文化艺术特点的基础形态创意元素，将历史和现代相结合，才能使民族文化在现代产品设计中延续并发展（图 2-72）。

图 2-72　灵感来自京剧脸谱的西门子手机设计

2.3.1　归纳、整合、提炼

归纳、整合、提炼主要是指在进行设计时，首先要对来源于生活、自然等素材进行归纳，将零散的素材与点滴的灵感整合成具有一定框架的系统，最后在此基础上通过一定的造型方法将其提炼成为设计元素。例如，中国传统的建筑以木料为主要建筑构材，采用构架制的结构原则，独特的斗栱结构、形式多变的弧面屋顶、美观坚固的琉璃瓦、色彩丰富的彩画以及形态生动的雕塑，这些对现代家具和建筑的形态设计有着很强的借鉴作用。丽江五凤楼的飞檐八角，起翘的飞檐映衬交错形成的巧妙造型；徽派建筑中飞扬的马头墙；以及明式窗棂那整齐简洁而又古韵实足的形式美感。这些都是中国传统建筑中最迷人符号，都可以提炼成形态元素与产品或建筑设计相结合，来增加产品的社会、文化内蕴。法国建筑师夏邦杰设计的上海大剧院也从中国的传统建筑的飞檐中提取了设计元素；上海金茂大厦的设计灵感来自于中国传统的塔形建筑；上海世博会中国馆的设计则借鉴了中国传统建筑中斗栱的结构形式（图 2-73 ～图 2-76）。

2.3.2　内涵、外延、提炼

内涵与外延的概念来自语义学，但在产品设计中也适用。一种文化或语言表达的外延由它所适用的事物构成，外延是相对于内涵而言的。我们可以从外延中提取其内涵精神，并提炼成为实用的设计元素，在二维、三维中进行表现。例如，中国书法历史悠久，其发展经历了从甲骨文、金文演变为大篆、小篆、隶书，直至定型于东汉、魏、晋的草书、楷书、行书诸体，书法具有世界上任何艺术都无与伦比的深厚群众基础和艺术特征，最典型的体现了东方艺术之美

图 2–73　中国传统的建筑特色的二维元素符号提炼

图 2–74　法国建筑师夏邦杰设计的上海大剧院提炼了中国传统建筑中飞檐的造型元素

和东方文化的优秀传承，是我们民族永远值得自豪的艺术瑰宝。

从表现形态上来说，中国书法就是一种线条的艺术。书法字体以及笔画中线条粗与细、凝重与飘逸、古朴与清雅、浓墨与飞白等的变化，非常具有对比性和审美意义。我们可以从这些

图 2–75　上海金茂大厦的设计灵感来自中国传统的塔形建筑

图 2–76　上海世博会中国馆的设计借鉴了中国传统建筑中斗栱的结构形式

书法艺术中提炼出形态创意元素，再运用抽象、变形等创作手法把这些形态元素运用到设计中，可以使产品体现出生动的气韵和起伏的节奏，从而将书法线条的审美意义和造型功能应用到生活中（图 2–77）。

此外，书法不仅是一种纯粹形式美的创造，还是中国文化的一个重要组成部分，因为其中包含着许多中国人关于自然、社会的丰富理解以及审美情趣。对于现代设计而言，继承书法艺术中的优秀传统，吸收其文化内涵也是一种设计创意的表现方式。我们可以将传统的书法艺术应用于设计之中，在丰富设计元素的同时，也为古老的中国书法艺术在产品创新中的运用开创了崭新的天地（图 2–78 ～图 2–80）。

图 2–77　书法字体的二维元素符号提炼示例

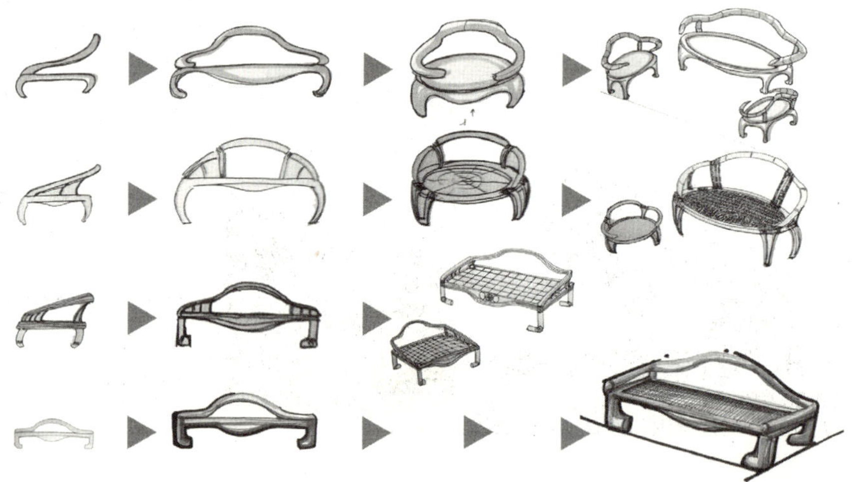

图 2–78　书法字体二维元素符号提炼在坐椅设计方向的运用

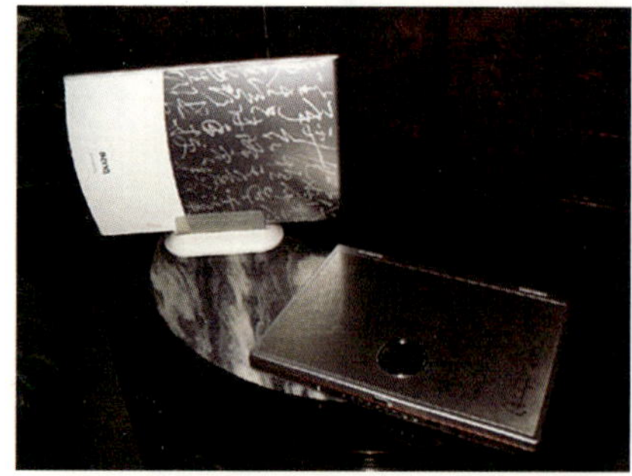

图 2–79　以书法为表现元素的扫描仪设计

图 2–80　巧妙地利用汉字特征所设计的时钟

2.3.3 概念、转换、提炼

概念、转换、提炼是指从文化概念入手，将非物质文化的概念转换为人们熟知的形式，再进一步提炼出视觉的形态元素。例如，我国是茶的故乡，种茶、制茶、饮茶都起源于我国。在《神农食经》中有云："茶茗久服，令人有力悦志。"茶文化的形成和发展历史非常悠久，它是以茶为载体，并通过这个载体来传播各种文化，是茶与文化的有机融合。茶文化在形成和发展中，融合了儒家思想，渗入了道家的哲学观点，并演变为各地区的礼俗，成为优秀传统文化的组成部分和独具特色的一种文化模式。例如，流行于福建和广东的功夫茶，讲究品饮工夫，对选茗、择水、烹茶技术、茶具艺术、环境的选择等一系列内容都有非常高的要求，从而能很好地渲染茶清纯、幽雅与质朴的气质。茶文化所具有的历史性、时代性等文化因素，在现代社会中仍发挥着其自身的积极作用。茶文化覆盖全民，甚至可以影响到整个社会，既是社会名流和知名人士乐意接受的高雅文化，也是民众广为参与的大众文化。就西湖龙井茶来说，喝龙井茶可以平心境、养气韵，一边喝茶品茗，一边欣赏西湖美景，无疑是游客游览杭州的最佳享受。但是无论是喝茶、品茶、斗茶，还是欣赏优美的茶艺表演，都需要一定的产品来作为人、茶与环境的媒介，来帮助人们达到既符合西湖龙井清香、高雅的品位，又可以不着痕迹地融入江南水乡温柔的意境之中（图 2–81 ～图 2–83）。

图 2–81　中国的茶文化对设计有着深刻的影响

图 2–82　龙井茶

图 2–83　能够促进交流的坐具设计

从龙井茶文化中提取的形态创意元素是具有特殊含义或是故事性的基础意识形态元素，它不一定是有形的、物质的，但却是能够被感知的。我们能在龙井茶文化中提取“会友”这个元素来作为与茶相关的产品设计的基础立意。古代就有“寒夜客来茶当酒”之说，如今的社会竞争激烈、优胜劣汰，人们追求利益和效益，使人情渐渐变得冷漠。通过喝茶或欣赏茶艺，可以使久未联络的朋友们聚在一起，交流感情，更好的沟通，从而增进友谊。而依照“会友”这个元素进行思维发散，我们可以对茶具、茶椅这些设计对象在功能上、结构上、工艺上的诸多方面展开设计，最终带来产品形态上的创新。

第3章　产品形态创意的限定与突破

从设计的角度来说，产品的形态离不开一定物质形式的表现。以一台滑板车为例，当我们看到底部的几个车轮时，就能感受到它是一种可以用于运动的产品；踏板、把手则揭示了产品的基本传动方式，而整体的材料、主体连接架构等不仅反映出了产品的基本构造，同时也决定了产品的外形势态。因此，在产品造型设计中，产品的形态总是与它的功能、材料、构造等因素分不开。人们在评判产品形态时，也总是与这些基本客观要素联系起来。因而，产品形态可以说是功能、材料、构造等要素所构成的“特有势态”给人的一种整体视觉形式。本章将从产品创意中的限制因素出发，对影响产品形态的功能、材料、构造等方面进行分析，从而在面壁与破壁之中寻找形态设计创意的突破点。

学生在进行形态造型时，常常会脱离以上一种或多种构成产品形态的制约因素，单纯地为了形态而设计形态。这样往往会导致在进入实际的产品设计时，产生与生产制作条件不符的情况。因此在基础设计时就将形态与功能、材料、构造等整体概念构建起来，通过动手操作、实际运用等方式，可以使学生更深入地理解这些产品设计中既相互制约又和谐统一的因素。

3.1　产品形态创意的功能限定

产品的形态往往是功能目的的表现，它的形式的更迭总是沿着从功能向形态转化这样一条轨迹。随着社会的发展，科技的进步及物质的极大丰富，传统评价事物价值标准的内涵得到了极大的延伸和发展（如产品功能不再仅仅是指产品的使用功能，它还包括了审美功能、文化功能等）。产品，首先是按照它的物质功能的要求来选择形式和造型的。例如，我们在设计一把茶壶时，必须考虑茶壶的形态结构是否能满足储水和倒水的基本要求，在材料的使用上必须考虑其加工成形的可能性，同时也要考虑茶具材料对饮茶人的健康因素，茶具的形体尺度比例将直接影响到壶的容量及人的使用方式，因而也是设计时要考虑的重要因素。除此以外，在考虑上述要求的基础上，还必须研究其整个形态如何给人带来美感享受，这一点也是一个茶壶设计最终能否被人们乐意接受和使用的关键要素。因此，我们在进行某个产品设计时，必须要考虑其能否满足人们对产品的功能要求，即同时考虑使用功能、审美功能、文化功能等方面的要求。我们所设计的形态也应该是多种功能的载体。

产品形态的创造是以功能为取向原则，不同的产品依随其功能还会表现出不同的自由度，如机械设备、家用电器等的自由度相对较小（图 3–1），日常生活用品在形态上创新的自由度相对较大（图 3–2）。但是，形态创意自由度的大小与产品是否具有较好的形式美感并无多大关系，例如电钻、电扇的叶片这类经过精确计算设计出来的纯技术产品，更多体现了理性和客观的物质存在，没有给形态创新留下许多余地。

图 3–1　机械设备、家用电器等的自由度相对较小

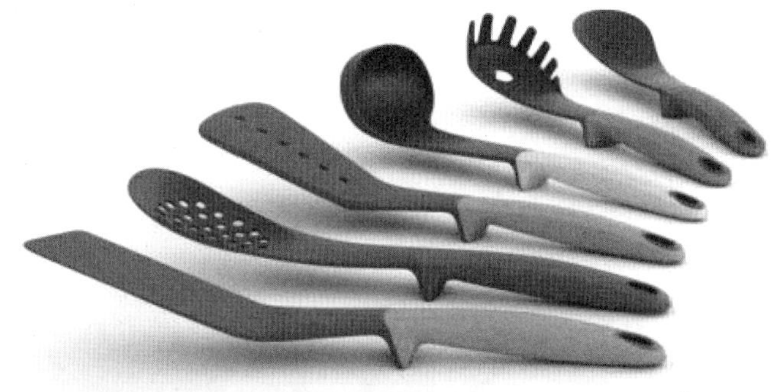

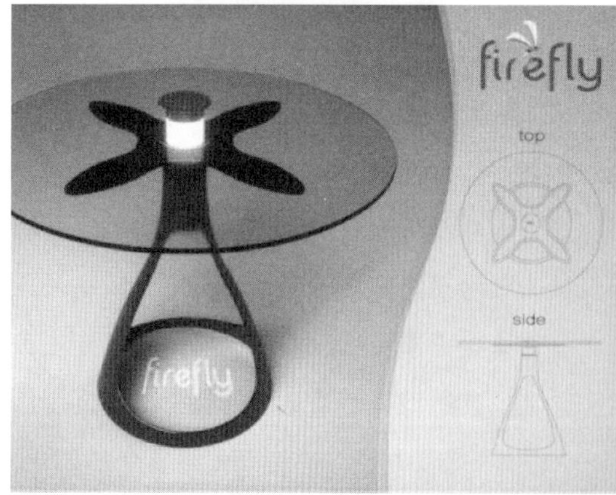

图 3–2　家具、家居类产品受到使用条件的制约小，创意自由度较大

综上所述，产品的形态创造与产品功能之间的内在关系是显而易见的，在设计中除了产品的功能以外，影响产品形态创造的因素很多，我们探讨形态与功能的关系，旨在满足一般功能的前提下去研究和开发形态设计，如何最大程度地发挥其功能价值作用。

3.1.1 产品的功能内涵

形态的功能要素可分为使用功能和审美功能两部分。使用功能体现了形态的实用性，为了达到满足人们使用的要求，产品的形态设计必须要依附于对形态机能的发挥和符合人们实际操作需要等要求。审美功能体现为造型的审美因素和使用者对形态的审美经验、人文情怀与心理感受。功能是产品存在的决定要素，如果一个产品不能实现其预定功能，就失去了其存在的价值。但在满足了功能需要之后，设计师必须着重考虑形态的审美因素。审美与功能是一对相互联系的概念，审美具有功能的价值，同时功能丰富了审美的内涵。而产品的审美价值主要是通过产品的外在形态来体现。因此，形态和功能有着紧密的联系，单纯强调功能或单纯强调形态都有失片面。

产品的功能是构成产品的重要基础，从理论上讲，功能是产品最为本质的东西，是产品存在的目的。如果一件产品不具备功能，那它就失去了存在的意义。在现实生活中，“衣、食、住、行”——服装是用来穿着的，餐具是用来辅助进食的，房屋是用来居住的，汽车主要是用来运载人或货物的，失去这些功能便不能称之为服装、餐具、房屋和汽车了。

所以对于设计师而言，一般来讲，设计的目标、设计的过程都是以功能为核心、围绕功能而展开的。功能最原始的定义仅仅局限在产品的使用功能，而随着社会的发展、科技的进步及人类对生活品质要求的提高，产品设计受到来自社会学、心理学、经济学、美学等各方面的影响，产品功能这个定义也在不断地扩充和延伸当中。

3.1.2 产品形态与功能的关系

任何一样产品都必备两个基本的特征：一是标志产品属性的功能，二是作为产品存在的形态。有关功能和形态孰轻孰重，在不同的历史时期和不同的设计思想有各种不同的观点。设计历史上有功能主义者以“功能第一”的思想将形态摆在功能的从属地位。在战国时期，韩非子就指出“玉卮无当，不如瓦器”；墨子主张“先质而后文”，这就是功能第一的观点；而19世纪20年代在美国兴起的芝加哥学派主要代表和理论代言人沙利文提出“形式服从功能”的口号，这是功能论者的标志性口号，强调的是实用物品的美应由其实用性和对于材料、结构的真实体现来确定。

功能和形态是产品的两个基本属性，两者之间存在着相互影响、相互制约的关系。产品形态的确定，绝不是被动地去适应结构等因素，在不少设计创新实例中，形态的开拓性往往能扩展设计思路，甚至使产品性能步入一个新的领域。但即便如此，在产品设计的过程中，也绝不能忽视性能对形态的限制。产品的形态不同于一般物体的形态，为了达到满足人们的使用要求，产品形态设计必定要依附于对某种机能的发挥和符合人们实际操作等要求。我们不妨用全面的观点去看待形态和功能之间的关系，设计是解决形式、功能、材料、结构、环境等要素之间的矛盾，让它们融合统一、和谐相处。对于适合的设计而言，功能是形态的功能，形态是功能的形态，两者和其他要素相互影响和制约，和谐统一于设计之中。正如被英国《百科全书》称为"伟大的设计师"的孔子所主张的"文质兼备"、"文质彬彬"，即要求内容和形式的统一，在造物领域可以引申为功能与形态并重的思想。现代斯堪的纳维亚的柔性设计也更好的诠释了功能与形态的关系，它坚持功能主义的合理内核：理性、有效、实用，同样也强调图案的装饰性及传统与自然形态的重要性。

举一个具体的例子，当我们在设计一柄拖把时，必须考虑拖把的形态结构是否符合清洁地面的基本要求，是否很好地表达出拖把更方便的挤水、晾干功能。同时，拖把的形体尺度比例将直接影响到人的使用方式，比如说，拖把杆的伸缩、弯曲使人们不用弯腰就可以清洁到被家具遮蔽的地面，因而从人机工程学角度设计适合人身体尺度的拖把形态也是设计时要考虑的重要因素。除此之外，在考虑上述要求的基础上，还必须研究其整个形态如何给人带来美感享受，如何从情感上激起人们乐意购买的冲动，这一点也是拖把最终能否被人们乐意接受和使用的关键要素。因此，我们在进行某个产品设计时，必须要考虑其能否满足人们对产品的功能要求，即同时考虑使用功能、审美功能、文化功能、情感功能等方面的要求。我们所设计的形态也应该是多种功能的载体。

综上所述，产品的形态创造与产品功能之间的内在关系是显而易见的，在设计中除了产品的功能以外，影响产品形态创造的因素很多，我们探讨形态与功能的关系，旨在满足一般功能的前提下，来研究和设计形态（图 3–3）。

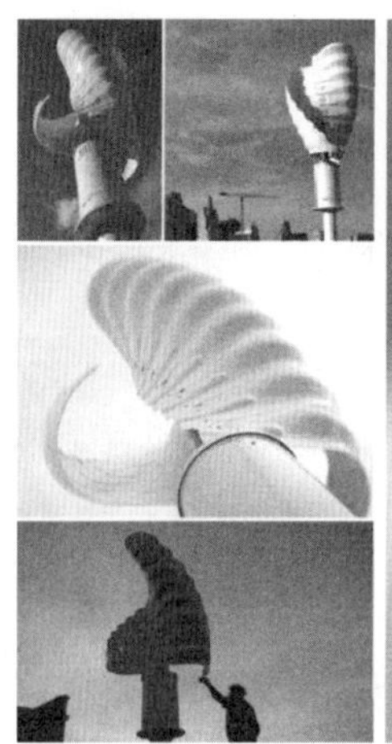

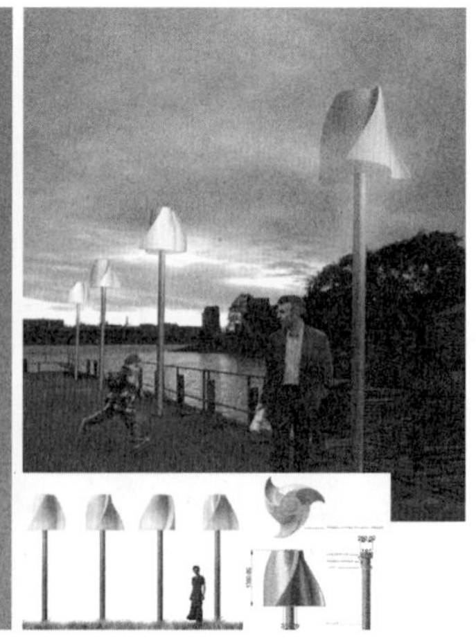

图 3–3　风力发电产品在设计中都具有的获取风能的扇叶构造

3.1.3 产品形态所承载的四类功能

在工业设计中，一切为人类生产、生活所需而创造的产品，在设计和制造时都无一例外地要把“人的因素”作为一个重要和必须的条件来考虑。在设计之初，就要根据预设的人机互动情景，考虑产品与使用者有关的问题。例如，人的形体特征参数、人的感知特性，以及人在使用中的心理特性等，要使设计出的形态在整体上与人体相适应，形成良好的人机互动。人与产品以及环境之间的信息交流分为两个方面：显示部分向人传递信息，控制部分则接受人发出的信息。显示部分根据不同的产品又可以分为视觉显示、听觉显示、触觉显示等各种类型，体现在形态上就是要研究显示部分的布置和组合；控制部分则是要研究各种操作方式的大小、比例、位置、作用力等方面的问题。总的来说，在进行形态设计时，就要从人的生理、心理特性考虑产品的结构与造型，从人体尺寸、人的能力限度考虑产品的零部件尺寸，从人的信息传递能力考虑形态语义的显示与处理。

产品的形态设计作为产品设计中一个重要的方面，它所承载的功能是种类各异也是显而易见的。任何一个产品的形态，都同时是使用功能和审美功能的载体。尽管有一些形态的局部设计完全是出于装饰性的审美考虑，但由于产品设计是一个整体，这种装饰也会对产品的使用功能产生影响。因此，我们讨论一个产品形态的功能价值必须从实用功能和审美功能两个角度来进行。在越来越注重生活品质的今天，当代社会的人际交往风格已经开始向感情交往的方向发展，消费者心目中产品的内涵意义也开始包括了情感这很重要的一方面，产品的形态承载起了产品与人之间情感沟通的重任，设计师通过产品形态努力使产品具有情感。此外，产品的形态还具有传递信息的功能，即人们通过观察产品的形态，能从中获得关于产品的属性、使用方式、功能特点、象征含义等方面的语义和信息。当然，产品形态在某种特定的情况下还具有传达文化内涵、隐含哲学态度、关注社会意义和为企业的营销战略服务等功能。这里，笔者把形态承载的功能大致分为实用功能、审美功能、语义功能和情感功能四类。

1. 形态的实用功能

形态的实用功能主要是指产品形态准确地反映出产品的使用功能，注重产品与人使用特性之间的关系，使产品更安全、更舒适、更有效地为人服务。

形态的实用特性包括形态的操作方式，形态所占空间，形态的重量，形态的储存和运输等方面的功能。很多形态的产生都是基于实用功能的考虑，或者是产品的制造工艺限制了产品的形态范围。例如，在当今市场上流行的组合家具设计，就是在设计中利用单元的相似性、兼容性和互换性进行组合排列形式设计的一个典型例子。设计师只要设计出基本形态单元，通过不同的组合排列方式，就能变换出具有各种不同使用功能和不同形态的家具形式。

（1）产品形态必须符合人们使用的需要

人机工程学是研究人在某种工作环境中的解剖学、生理学和心理学等方面的各种因素；研究人和机器及环境的相互作用；研究在工作中、家庭生活中和休假时怎样统一考虑工作效率、人的健康、安全和舒适等问题的学科。

产品的形态承载着发挥产品机能的功能，它符合人们使用操作的需要。形态遮蔽了机器冷漠的内部机构，而运用人机工程学所进行的产品形态设计更是针对不同人群，充分考量人体尺度、人的特性、能力和产品之间的关系，通过产品形态为人们提供了舒适安全的人机操作环境，使产品更符合人们的使用操作需要，体现设计"以人为本"的宗旨（图 3–4、图 3–5）。

图 3–4　这款单反数码相机名为 Nova，手握的感觉就好像握着游戏手柄一般，更符合人机工程学

图 3–5　在线团的顶部加入了一块放大镜，将针插在线团上，透过放大镜就能看清放大的针孔了。这样，穿线的时候就变得十分容易，而且单手也可进行操作

创新的形态能够带来更有效的使用方式，产品的使用方式必须通过一定的形态表现出来，而形态的创新亦可以为产品带来新的使用操作方式，使人们的生活变得更加适宜及高效（图 3–6 ～图 3–8）。

图 3–6　意大利品牌 Cappellini 出品的，由纽约设计师 Todd Bracher 设计的 Alodia 凳子。拥有独特外形的 Alodia 凳子是由金属管和钢板制造而成，有 6 种颜色可供选择

图 3–7　eat with your fingers

图 3–8　由可爱恰当的形态开发的新功能——卷牙膏器

（2）恰当的形态赋予产品节省、便捷的特性

社会经济文化的发展、国家建设“节约型社会”口号的提出，以及适合新兴人群（单身贵族）居住的小户型公寓的涌现，这些因素都越来越要求产品具有成本低、材料省、空间省、加工、存储、运输方便等优点。如何实现这些优点有很多方法，例如，缩短加工流程、发展相关技术等，而我们这里主要讨论的是如何运用产品形态结构的变化来使产品获得这些功能及优点。

例如产品设计中的组合形态，利用了组合排列的设计方式（图 3–9、图 3–10），其功能价值是显而易见的。在形态组合排列的要素设计中所强调的是要素的互换性、兼容性及相似性。这也就是设计方法中的模块化设计，即通过设计具有通用接口的功能模块来达到快速生产，并提高产品的适应性与市场竞争力的设计方法。组合形态在实用功能方面具有很高的价值。

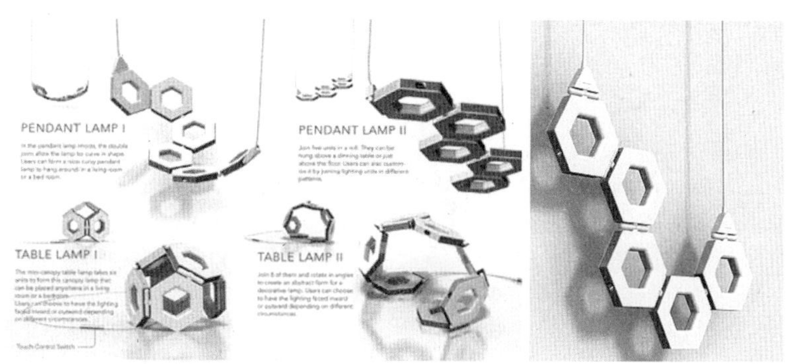

图 3–9　Tile 积木型灯具。这款 Tile 是属于模块化的灯具，由 Gary Chang 设计。可以像积木一样自由组拼成不同形状

图 3–10　无限 USB。在原有 USB 接口处使用通用模块设计，来达到组合扩大使用需求的目的

又如折叠、可调节的结构形态，它充分具有空间省、存储、运输方便的功能。折合、展开的独特形态能适应不同的使用环境，扩大了产品的使用功能也满足了人们新的生活方式（图 3–11 ～ 图 3–13）。

再如以下这个比较有意思的储存器，它的形态和被储存物（水果）的形状和大小相吻合和包含，节省了空间又便于携带（图 3–14）。

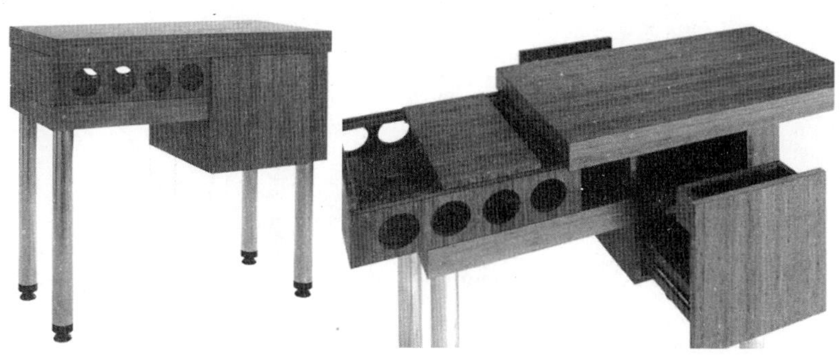

图 3–11　用竹子设计的变形桌。现在竹制品家具越来越受人们的青睐，下面这款竹制的变形桌为我们创造了尽可能多的可利用空间，同时它的可折叠式设计又为我们节约了很多空间，这样既体现了新颖的设计又极具实用性

图 3–12　节省空间的桌子

图 3–13　节省空间的家具，以桌子的圆形边角为就座区域，将隐藏进的椅子拉出就是一个小型四人餐桌或一个洽谈区域。采用合成材料，圆形靠背椅上特有凹槽方便拉出。椅子坐垫可拆卸可更换清洗，方便应用

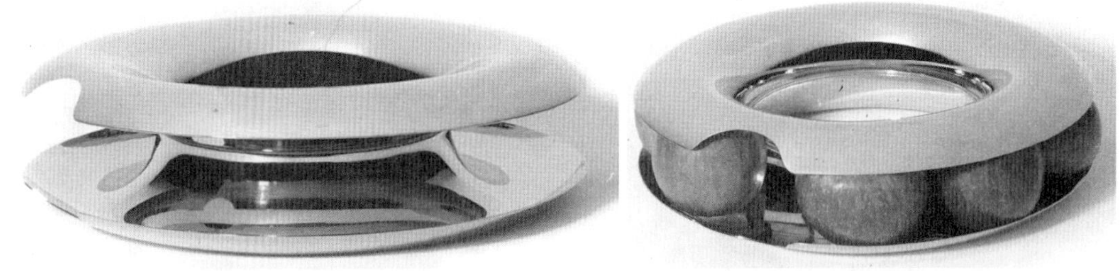

图 3–14　水果存储器

（3）传承的形态风格为营销战略服务

品牌是产品的一种名称、一种标记，利用符号或是设计图案来识别某个销售者的产品，已达到区别其他竞争对手产品的目的。此外，品牌有助于细分市场、吸引顾客、树立形象、宣传品质。在现代品牌学的理论中，品牌已经发展成为一种新的经营模式，是市场竞争的高级阶段。

品牌战略在产品设计中体现之一是 PI（Product Identity），即产品识别，它是产品系列的相关的、延续性的整体规划，从而体现品牌的内容和特征。对熟悉的事物有亲切感或是斥异性，

这是人类基于安全感的心理本能，我们在设计中也需要考虑人们的这一本能对产品设计的影响。另外，作为同用户直接接触的产品，整体、统一的产品形象是在市场中区别竞争对手、增加差异度的有力手段。

而产品的形态设计恰好是实现这种品牌战略的有效手段，大体传承的形态特征和经典的局部形态设计能勾起人们对某一品牌产品的识别。如 IBM 的深蓝延续在每一款设计上，设计简洁、明确而统一，给人以高效的感觉。苹果（APPLE）的产品不断更新换代，但给人的感觉却一直非常相似：时尚活泼、品质卓越（图 3–15）。

图 3–15　苹果公司系列产品

2. 形态的审美功能

形态在具有了实用功能的同时，也应该具有很高的审美功能。美学功能是指产品的精神属性，它是产品外部形态通过人们视觉感受所产生的一种心理反应。形态的审美功能对人来说是一种高层次的精神享受和愉悦。形态的这种功能在当今社会对于产品设计来说是至关重要的。随着社会的发展及物质的高度文明，人们对产品的美学功能要求也越来越高。此外，由于产品使用者之间在社会、文化、职业、年龄、性别、爱好及志趣等方面的不同，必然形成对产品形态审美方面的差异。因此，在触动人们审美神经的舞台上，形态是绝对的主角，即使是具有同一功能，也要求在形态上的多样化，而使产品的特有形态来表达出产品不同的审美特征。

在这里，我们把形态的审美功能大致分为两类。第一类是由多样统一、比例均衡等形态本身具有的特性带给人们的形式美。这种美，形式和内容有一定的分离，具有天然的趣味。主要包括比例与尺度的美、对称与均衡的美、稳定与轻巧的美、节奏与韵律的美、调和与对比的美、变化与统一的美。第二类是形态所产生的象征关系的习俗美。这种美是由社会文化环境影响形成的，在人们多年文化经验累积的基础上通过形态勾起人们的审美联想、想象，使人们产生熟悉、亲切或梦幻、奇异等不同的心理感受。

例如产品形态对文化内涵的诠释，产品通过形态传递历史、风俗、地域、文脉的信息，利用人们以往的经验，引发人们的联想、想象。如图 3–16 所示，一组结合中国传统文化元素设计的产品，既勾起了人们对民族特色的回忆，又不失强烈的现代感。

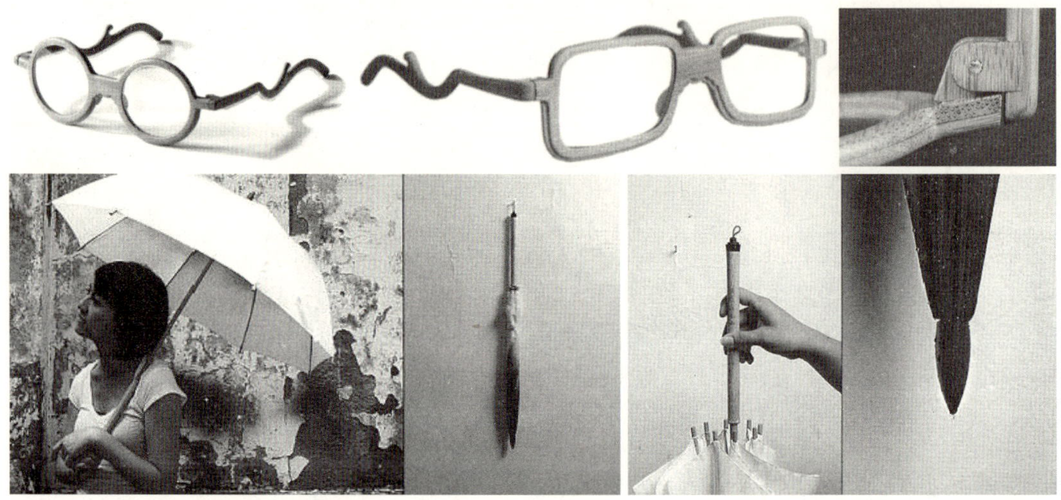

图 3–16　一系列包涵中国特色的设计

又如，产品形态对哲学态度的诠释，产品形态围绕价值、信仰展开，表现人们的生活态度、精神追求、时代风貌。如图 3–17 所示，日本 Muji 公司的设计理念：反品牌、反奢华、反包装、关心生活的每一个角落、简约但又不简单的创意开发。

图 3–17　日本 Muji 公司所设计的产品

再如，产品形态在艺术文化演变中的重要作用，产品形态作为艺术品和产品之间的过渡，它既是一种观念的审美存在，又是一种功能的实现（如图 3–18、图 3–19）。

3. 形态的语义功能

形态具有符号功能，能够表达不同的语义。形态的语义功能表现为人们通过观察形态，就能够获取产品的功能用途、操作方式和程序等信息，即通过形态设计使产品的操作达到不言自明的目的。

图 3-18　壁炉设计。O-Flut 是一款为室内或者室外设计的壁炉，给人一种“火焰仙境”的感觉。它比普通的壁炉更加有艺术气息。它由中密度纤维板做底部和钢化玻璃构成

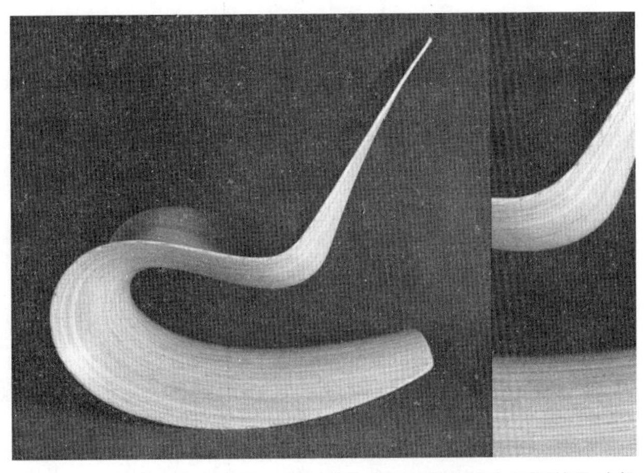

图 3-19　时尚大方的木椅。来自英格兰最北部诺森伯兰郡的设计师 Jolyon Yates 的椅子作品，有人叫它 Breeze，也有人叫它 Savannah Rocker III，其外观时尚大方，有种流畅大气的曲线美，舒适迷人

形态的语义特性与符号学有关。符号学本身的历史要追溯到古代，在古希腊时期，柏拉图就曾经关注于确立符号、符号的意义以及符号所指明的事物这三者之间的关系。亚里士多德延续了柏拉图的思考，认为实际上符号学的精髓在于：符号之中“某物代表他物”。如果用现代符号学的意义来解释，那么设计是由设计表现和设计意义所共同承载起来的，即设计通过各种表现方式加以展现，具有抽象和感知的意义。以坐椅为例，设计时必须考虑的不仅是人机工程学、结构和生产工艺、坐的环境与方式等方面的要求，还涉及“坐”这个字所具有的隐喻，包括其上附加的感情意义。正是由于设计所具有的符号特性，并遵从符号的一般规律。

按照设计中的符号学原理，我们可将形态元素符号系统归纳为两类，第一类是产品的外在或外形层次的元素符号（图 3-20），第二类是内在或心理层次的元素符号（图 3-21）。就产品符号系统而言，体现设计者与消费者默契沟通的因素主要包括三个方面。一是产品的功能，二是产品的造型视觉，三是产品的内涵也就是其艺术审美意义。产品的功能符号往往一目了然，产品的造型视觉符号就常常担负起沟通作用。

图 3-20　获得 2010 年的红点奖的研磨机设计。它的两个枝杈分别可以用来研磨盐块和胡椒，转动盖子，粉末便可以从底部倒出来。经过巧妙地设计，不会将研磨的物体混在一起

图 3-21　瑞士和平刀（Swiss PEACE Knife）设计，设计师 Qian Jiang，Yiying Wu 和 Carolina Flores 重新诠释了瑞士军刀上的红十字，将其设计成野外出行时的微型医疗箱

形态是产品有机整体的一个重要组成部分，它提供了使用、评点等活动的对象和起点，也是设计要提供的最终结果。产品内部不可见的机构运作需要外部形态来宣示。现代产品中的高技术含量越来越高，使得产品的功能对形态的束缚越来越小，产品形态更多地需要依附于一定的语义来引导和表达产品的内涵。因此，形态的语义功能是指人们通过观察产品形态，就能够获得产品的功能用途、操作方式和程序等信息。形态作为一种符号，本身就是信息的载体。它通过对人的视觉、触觉、味觉、听觉的刺激，来传递信息或帮助人对以往经验进行联想和回忆。通过对各种视觉符号进行编码，综合造型、色彩、肌理等视觉要素，使产品形态能够被人理解，从而引导人们正确而又快捷的使用。产品形态可以解构成许多表意的设计符号，设计符号则可以继续分解成点、线、面、色等造型元素。在进行产品形态设计的过程中，就需要深入考虑人们共有的经验和视觉心理，例如汽车标志，只有经过人们的共同定义，它才能成为一种汽车品牌的象征。设计师通过形态来准确传达产品的语义信息，同时也注意形态理解的多义性，避免造成错误的语义理解。

形态的语义功能主要体现在以下几个方面：

(1) 产品形态提示产品的功能和特点

任何一款产品，都能给人以一定的视觉感受，产品的形态应该体现产品所具有的最主要功能和特点，使用户能够最快、最省力地了解产品是用来做什么的以及产品的主要特性。某一类产品的形态在设计的过程中必定会受到人们在多年经验积累上形成对该类产品形态的固定思维模式，例如一提到椅子，人们的心中便会浮现出一个四四方方的椅子成型印象。而根据语义学设计的产品形态能打破这种既定固有的形态，创造出区别于同类产品、适合产品新功能的创新形态（图 3-22）。

(2) 产品形态示意产品的使用操作方式

产品形态的这一示意功能就是要求设计师找到一种能准确传达情感的语义符号，来表达设计师的思想和产品的操作方式，进而通过这种语义符号达到与使用者在语义学领域内建立人性的关系，从而引起消费者在使用方式上的共鸣，以达到更深层次的交流和沟通。

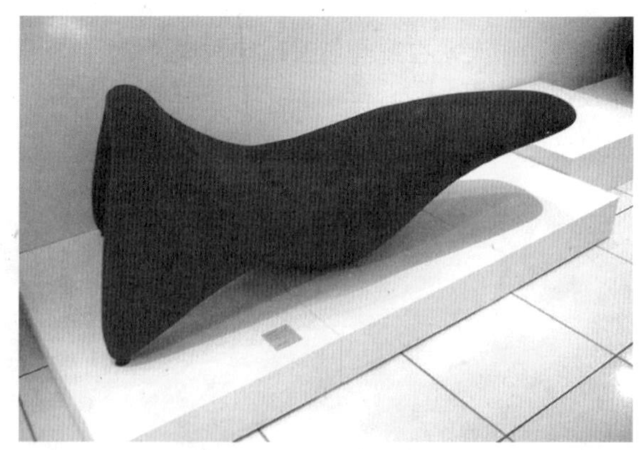

图 3-22　克拉尼 1965 年设计的躺椅。躺椅看起来就像一个人头部枕在交叉的手臂上，翘着腿休息的样子，这一创新的产品形态区别于以往传统的椅子形态而又恰当地传达出了这一产品的目的、用法和状态，很好地表达了躺椅的功能

其主要手法有通过形状的形似性暗示使用方式，如将键盘的曲线设计成符合人手腕曲线的造型、按键的表面做成手指的

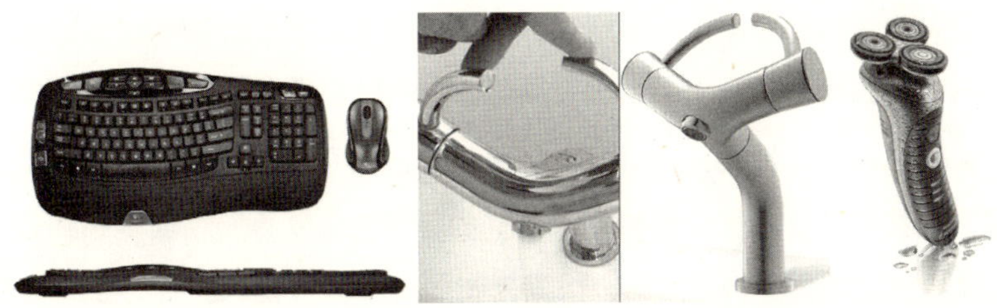

图 3-23　通过形似性暗示使用方式

图 3-24　“背负宝剑”的诺基亚 620

负形、操纵杆的外形做成手掌的负形、门把手形态具有顺时针旋转的趋势等（如图 3-23）。

亦有通过造型的因果关系暗示使用方式，如将手机手写笔的插拔方式设计成像一个身背宝剑的武士造型，目的在于强化手写输入的语义，恰如其分地表达和诠释了这种操作方式。又如仪器上的旋钮，通过其形式和侧面花纹的粗细即可示意转动量的大小及用力的多少，进而区分精细的微调和大旋转量的粗调等（图 3-24）。

除了以上两种手法外，设计师还可以通过形态的表面肌理和色彩向人们传达是何种人使用的问题。如大家在逛商场时都有这样的感觉，什么是儿童用品、什么是女士用品，什么是男士用品，从不会弄错。

（3）产品形态的象征意义

形态还能传递象征性的语义信息。产品形态象征性语义的塑造是借用某种具有一定程度的共识的代表性的物来表达的，这种物可以是具象的也可以是抽象的，它借用的是物的隐性含义，如流线型代表速度，有机型象征生命，蓝色代表科技，银灰色象征精致，绿色象征生命，鸽子代表和平等。因此，在遵循人们心理经验的基础上，产品形态的象征意义使得产品更容易与人进行沟通。

一般说来，产品象征性的形态还具有识别社会角色和传达特定观念的功能。社会各阶层因教育、职业、经济、消费、居住及使用产品的条件等的差别，形成了一定的社会地位。人们都希望自己的地位得到承认，并向上一级迈进。地位不仅是人在社会中的位置，而且还包含某种价值观念。在日常生活中，各社会阶层的人总是以其行为、言谈、衣着、消费及象征物的使用来显示其身份或地位特征。因此，设计师在产品设计的过程中需要通过深入的调查和分析，真正了解和掌握各消费层次的不同心理特征和他们的社会价值观念，恰当地运用设计语言和象征功能，创造出象征人们地位身份的产品，以满足不同层次消费者对产品的心理需求，如图 3–25 所示，昂贵的材料、简洁精密的造型是一种社会地位的象征。

图 3–25　通过材料、造型显示社会地位

设计符号具有某些特定的意义，只有当消费者和设计师对设计符号达成默契的时候，这些设计意义才会显现。因此，在基础设计阶段对于形态元素的提炼也需要建立在这种默契的相互沟通的基础上，这样才能有效地将产品中包括使用功能和象征意义在内的文化价值传达给最广大的使用者。

4. 形态的情感功能

在现今信息技术高度发展的形势下，产品物质意义上的功能已日益不能代表其情感诉求，任何一件产品或作品只有与人的情感取得共鸣才能为人所接受，情感因素越来越成为设计中最主要的方面。因此，在这里笔者特地把形态的情感功能单独拿出来讲述。

在改造自然过程中人类极大地解放了自身，个体的自我价值得到了充分实现，人本主义进一步发扬，关爱生命、珍惜健康逐渐成为生活主题。在这种背景下，消费者的心目中产品的内涵意义也慢慢发生着根本性变化，由以往的消费者所关注的产品功能性意义，逐渐转变为关注产品的情感性意义。在保证功能性意义的前提下，使产品融合更丰富的情感性不再简单地被斥为哗众取宠的无实际效用的行为，它使设计具有良好的亲和性，体现出设计师至善、至美、至纯的理想，闪耀着人性的光辉。

爱是扎根于人性的重要情感，它可以看作是人与人之间的一种相互依附，也可以看作是潜意识的一种体现。人时时刻刻都在渴求着爱，并以各种各样的方式不自觉地体现出来。在日常生活中我们可以观察到：人们喜欢用抽烟来缓解压力；孩子很容易养成吮吸手指和啃铅笔头的习惯；少女喜爱深陷在软沙发里，喜爱拥抱软被子等，这些行为都可以解释为人们在成年后，寻找在幼儿时被哺养和怀抱的母爱的一种体现。人们在竞争压力巨大的社会中寻找安慰和保护，这一过程中母性的关怀成为源头。我们可以把人的处境放在一个同心圆里，在里面的圆圈中，人们追求情爱－性爱－权力－创造，不断地想去扩展、去开拓世界；在外圈中，人处于纷乱的社会，期望回到零点，回归到母性的关怀中。离心力和向心力是人有意识或无意识中组成的人为存在的紧张的张力。如果设计师从人性的角度，探讨从视觉、触觉、听觉、味觉等方面来满足人的内在需要，这样的设计主题就会达到一个更高的层次。一张给人以安全感的床，一套给人以欢迎感的桌椅，一个给人以温暖感的杯子等都具有亲和力，散发着浓浓爱意的设计作品将会改变人们的生活态度和生活质量，给人以美的享受。

综上所述，我们可以将产品形态在情感体现上的功能概括为以下几个方面。

（1）产品形态在感观、触觉等方面表现出宜人、舒适、安全、健康的特点

1）安全、可靠 （儿童用品的圆滑线条处理），如图 3–26 所示。

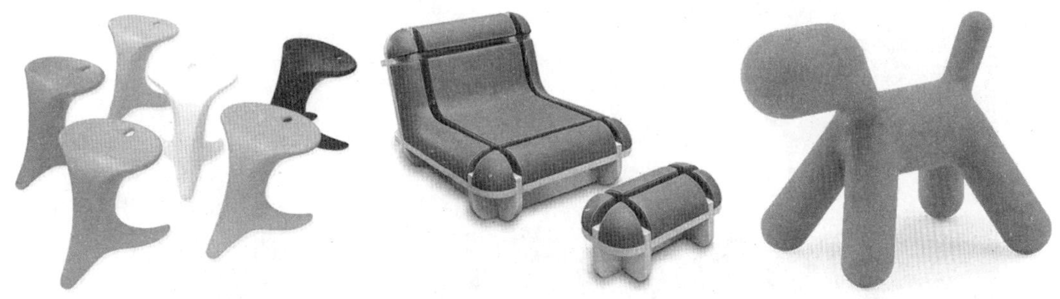

图 3–26　儿童用品

2）卫生、健康（图 3–27）。

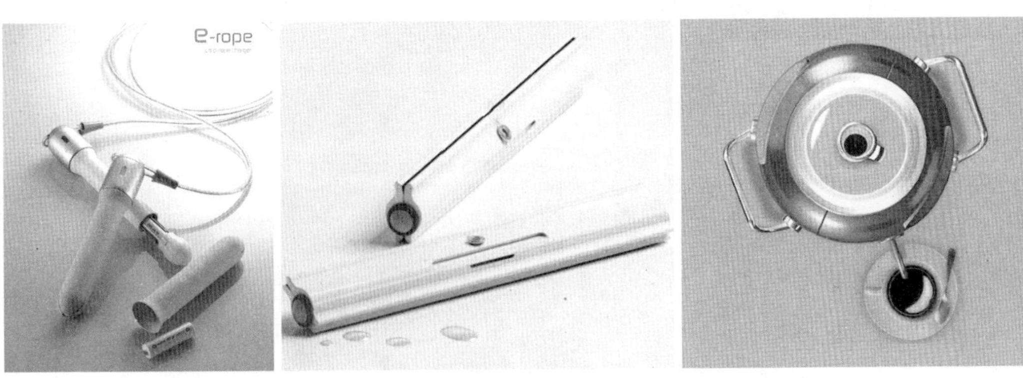

图 3–27　洁白、卫生

3）包容、包围（图 3–28）。

4）活力、仿生（图 3–29）。

5）舒适、温馨。采用有机形体、富有生命力的曲线，给人舒适的感觉（图 3–30）。

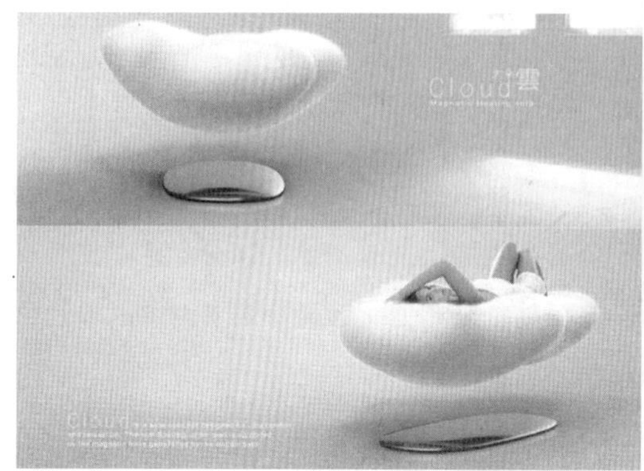

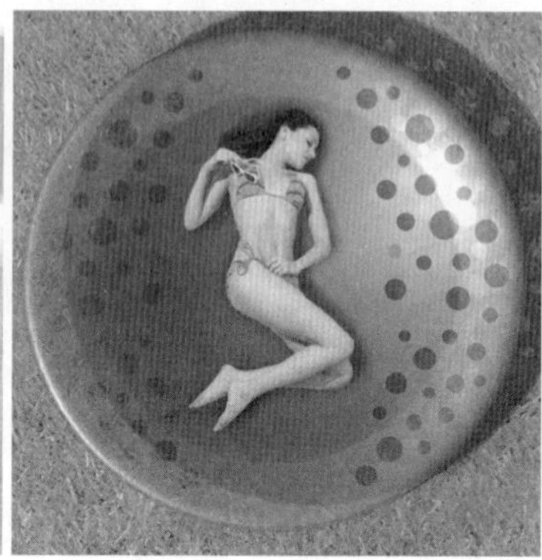

图 3–28　舒适

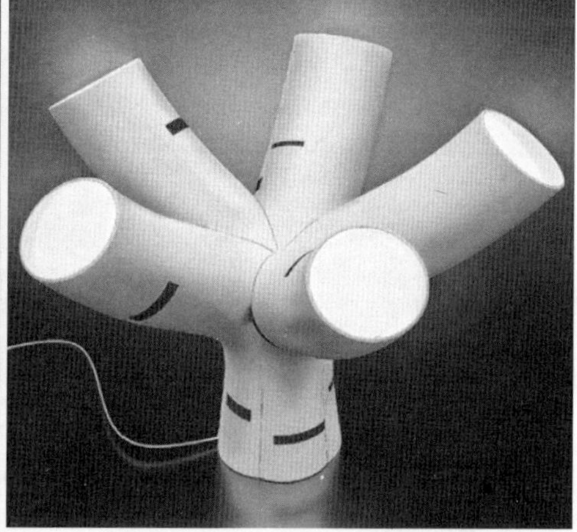

图 3–29　活力、仿生

图 3–30　曲线造型

（2）产品形态突出人的个性，满足人对尊严、个性的需要，关怀不同人群

1）时尚、个性突出差异（图 3—31）。

2）科技同人的行为、个性相结合（图 3—32）。

3）针对不同人群设计的产品形态充分体现对人的关怀（图 3—33）。

图 3—31　时尚

图 3—32

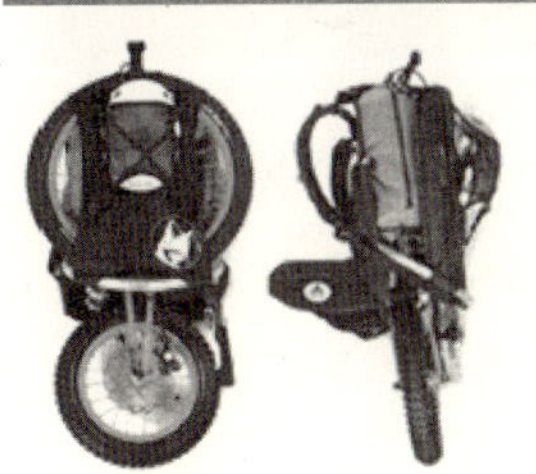

图 3—33

（3）产品形态对趣味的诠释遵循快乐原则，营造充满乐趣的轻松氛围

1）平面装饰。装饰的必要性是心理上的。生理学及生态学研究表明，人在视觉领域喜欢复杂的模式。就人的本质而言，是富于探索、追求变化与新奇精神的，过分单纯的形式一下子就会使人感到厌倦。这就是为什么绝大多数的人无法把眼睛牢牢地盯在没有任何物体的空间的一点上。如果我们审视一面墙或一张白纸，这时我们总是观察我们在上面直接看到的一些微点，它起初并没有使我们注意，最后却吸引住我们的眼球（图 3–34）。

2）人物＋情节＝还原幽默经验（图 3–35）。

图 3–34

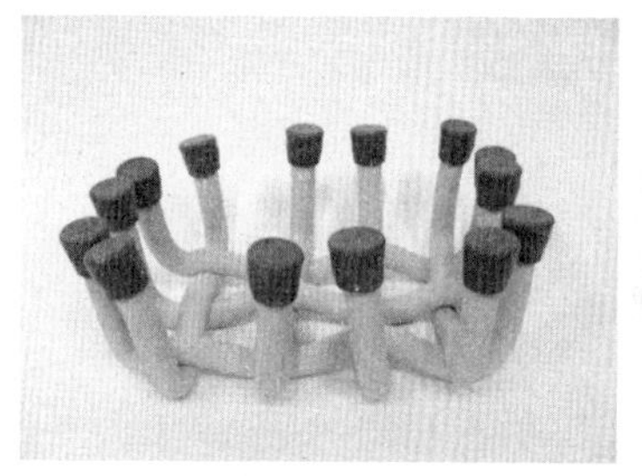

图 3–35

3）仿生形态（图 3–36）。

（4）产品形态的情感性特点还避免了产品对人和自然的统治，为消费者提供发挥创造的空间

现在，越来越多的设计已经开始提供半成品形态，这不仅使技术品的最终成果成为人的创造力的肯定，而且连“过程”也成为一种创造的享受。例如，来自北欧的宜家家具就为顾客们提供了主动动手的机会（图 3–37）。

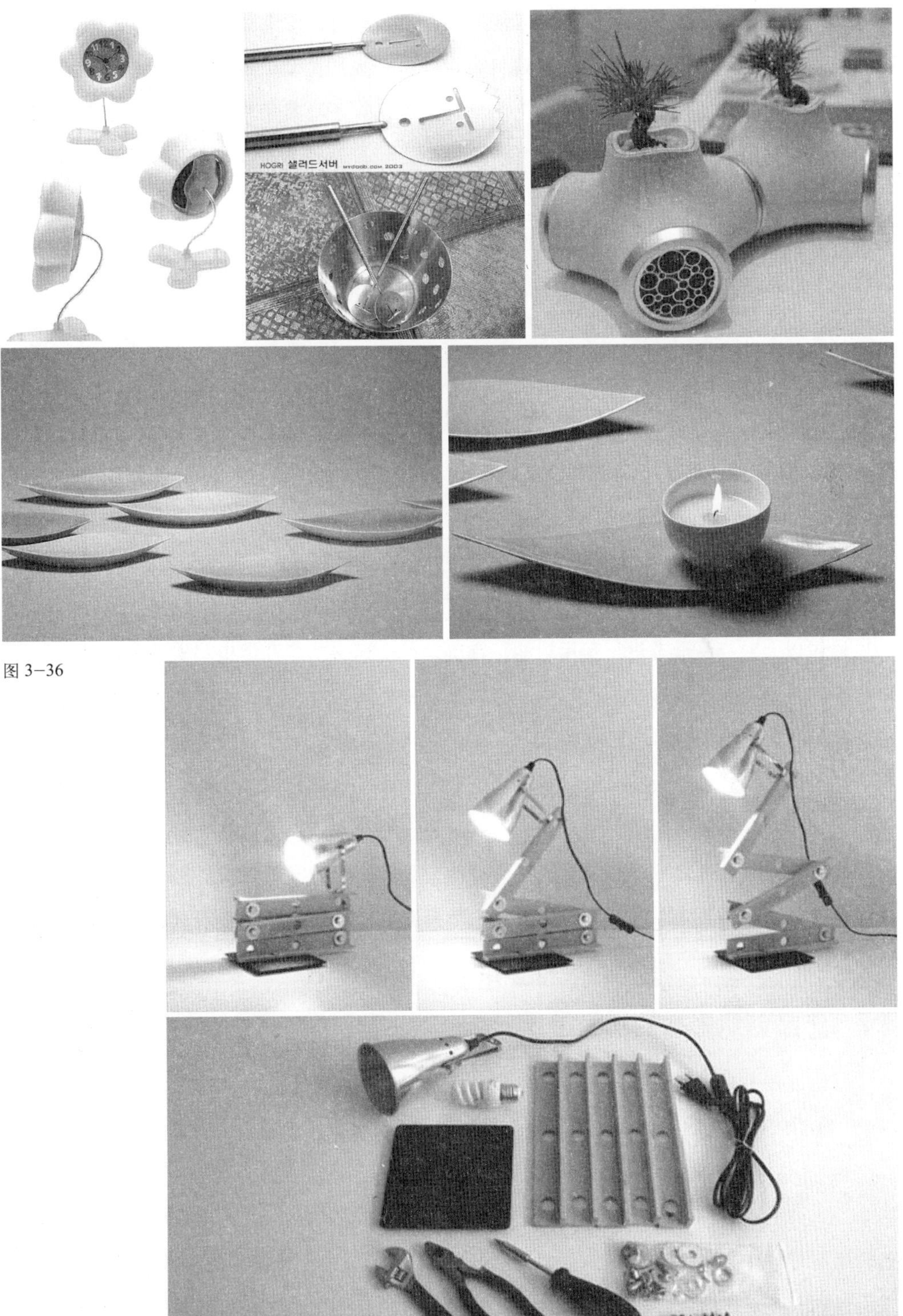

图 3-36

图 3-37

（5）产品形态注入了设计师的个人情感，引起消费者的共鸣

在某种情况下，一幅作品、一件设计是设计师个人的劳动成果，因此，创作者在作品中不知不觉都会带上个人的感情色彩。个人的阅历、偏好等不可避免地会在作品中流露出来，强烈的特殊性引起消费者的共鸣。对此，科林伍德曾说："情感的表现，单就表现而言，并不是对任何具体观众而发的。它首先是指向表现者自己，其次，才指向任何听得懂的人。"没有个人情感的表现，就没有艺术品。从构思到表达，越有强烈个人风格的作品，就越有可能成为好作品。如图 3–38 所示，"如生命般蓬勃的曲线"是设计大师鲁吉·克拉尼传达给人们设计语言。

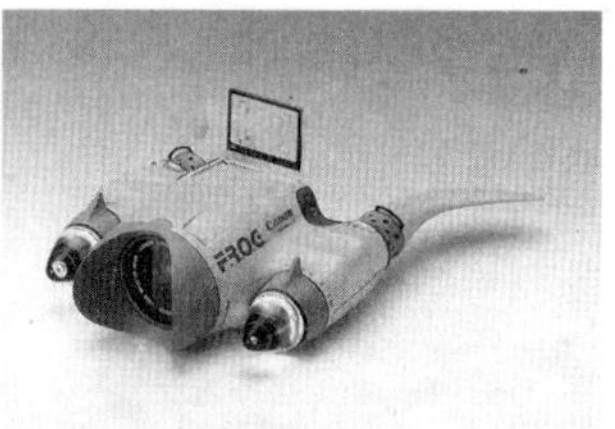

图 3–38　鲁吉·克拉尼的设计作品

通过以上对产品形态进行实用功能、审美功能、语义功能和情感功能的分析，我们可以得出这样的结论，即产品形态所承载的这四类功能是相辅相成、互相渗透和影响的。一个具有审美功能的形态必定以符号的形式传达给人们，并带有一定的情感共鸣，当然这样的形态作为一个产品的重要构成部分也必定承载着产品的使用功能。以契合形态为例，通过契合方式产生的形态，往往具有很好的整体感和紧凑感，能产生流畅的曲线，既具有美感又给人以机智巧妙的情感感受，同时又必定承载起产品的使用功能。因此，实用、审美、语义和情感，这四者之间并没有特定的明显界限，它们共同构成了一个完美的产品形态所曾必须承载的功能。为优秀的产品形态设计提供了一定的参考原则。

3.2　产品创意形态的材料限定

我们握在手中、看在眼里的一切东西，之所以能够以各个形态存在，主要归功于材料，可以说，我们居住的世界就是由各种材料组成，木材、化合物、玻璃、陶瓷等。黑格尔所说的"感性材料的抽象统一的外在美"，就是指构成产品设计的自然物质材料的色彩、形态、肌理。产品功能、心态的实现要靠材料来体现，并受到材料自身属性的制约。如一张座椅，或木制，或钢制，它的造型离不开具体材料的韧性、刚性等物理属性，这是一个十分简单的道理。但在产品设计中，我们要研究的是材料与形态之间的关系。不同的材料有不同的性能和不同的成型工艺。在产品造型活动中，不同的产品，由于功能和结构的不同，可能需要不同的材料去加以实现。

材料不仅仅只是一些化学物质，在设计师手中，它们可以创造潮流，实现创造的梦想，创造美好的使用环境。材料的精炼和改进是文明社会最基本的标志。最早的工具就是由材料的发现、发展、改进而演变来的。材料如何成型、用什么构成，几乎贯穿了整个人类生产活动的历史。如果没有材料的参与，要进行产品设计或构想产品结构是难以想象的。现代材料的应用需要我们跳出传统去思考，设计需要同时考虑材料的优点和缺点，扬长避短地设计产品。新产品或具有潮流导向的产品设计与发展是建立在不断探索、创新的基础之上，而对于设计这个寻求日常生活中最佳解决方案的活动来说，材料是其决定性的主题。无论是减少材料的耗费，还是仅仅采用自然界的原始材料，抑或是开发新的合成材料，每一件产品最终都只是其相应材料经过深思熟虑之后所完成的成果，但却是精巧技术，触觉感知以及视觉需求的结晶。

3.2.1 材料与形态的关系

作为设计载体的材料，由于物理与化学性质的不同，表面质感、色彩、形态的不同，会形成各种各样的感觉特征，从而引起人们不同的视觉印象或者心理感受。浅层的感觉是通过材料表面的色彩、光泽、肌理等质地，产生轻重、冷暖、软硬、粗细、亮暗、干湿等生理感觉。深层次的感觉是设计师通过材料的质感来传达特定的情感信息和文化内涵，例如温馨与冷酷、通俗与时尚、古典与现代、粗犷与典雅、自然与科技等（图 3—39）。

图 3—39 不同的材料肌理运用在同一形态中带来的视觉与情感对比效果

材料的特性一方面是其自然特性，是材料的固有属性，由材料本身的化学成分与元素结构所决定，另一方面则是在材料表面经过机械或化学方法的处理工艺，从而得到一种全新的设计质感。而如今，材料的创新与表面处理技术发展迅速，新材料与高技术的表面处理工艺层出不穷，为产品设计提供了更多丰富多彩的形态载体。

1. 造型材料的形态特性

材料都是以一定的形态存在的，工业产品所使用的材料是将天然材料（如树木、竹子、岩石）经过物理的或化学的方法制作成具有一定性能和一定形状的新的材料。工业产品材料的形态可以分为线材、板材、块材以及各种型材。不同的材料形态，可以给人们带来不同的信息和感觉特征，它们是产品设计造型的基本元素。

（1）线形材料一般指材料的横截面与长度比相差较大，线形材料在产品造型中有两种形式，一种是构成形体线，另一种则起到装饰线的作用，线形材料可以运用排列、扭曲、连续、渐变等手法设计出变化丰富的产品形态。

(2) 板材的形态特征是具有较大的平面面积和相对较小的厚度，是工业产品设计中使用最多的材料形状，玻璃、木材、金属、塑料、陶瓷等材料都有板材的形态。板形材料可以通过弯曲、拉伸、折叠、切割等成型工艺，通过对称与不对称、重复、比例等造型规律来营造深、长、体量结构等形状特性。

(3) 块材一般是指在三度空间上具有一定的相关尺寸，并且具备封闭的实体形态。块材的形态特征主要表现在重量和强度上，其造型工艺一般采用雕刻、切割、铸造等方法，在设计时能带来稳固、静止、紧凑等视觉效果（图 3–40 ～图 3–42）。

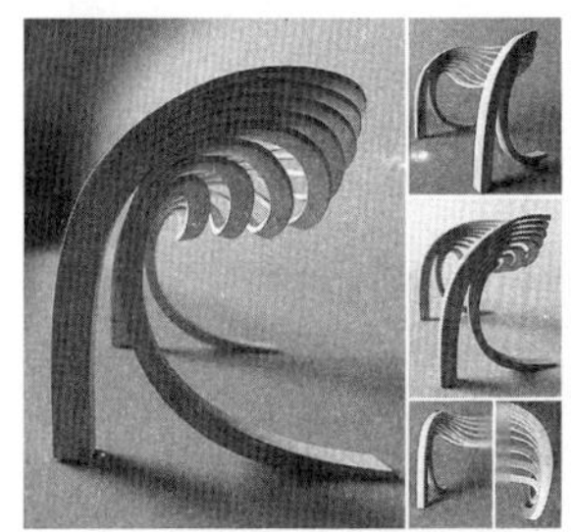
图 3–40　线材在家具设计上的应用

图 3–41　板材在家具设计上的应用

图 3–42　块材在家具设计上的应用

(4) 型材是具有一定截面形状的连续压制的材料，在建筑、交通工具、运动器械及家具设计中大量应用。常用的型材主要有：钢型材、不锈钢型材、铜型材、铝型材、塑料型材和木制型材。此外，由于各种特殊截面的专用型材的出现，使一些产品的造型设计和制作工艺发生了很大的变革，简化了设计和制造的工序，大大提高了设计效率（图 3–43、图 3–44）。

图 3–43　塑料型材

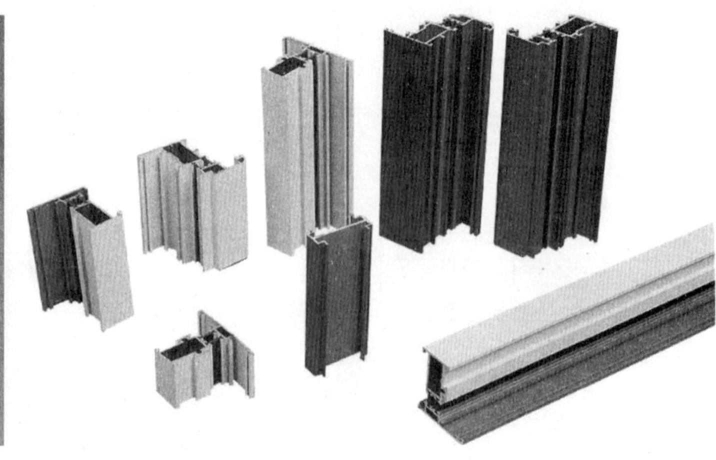
图 3–44　合金型材

2. 造型材料的色彩特性

材料的色彩特性分为两种，其中一种是材料的固有色彩，是材料的自然属性。例如，就有色金属材料而言，虽然大多看上去都是银白色，但实际上却有着细微的差别。铝和锡略微发蓝，铬则偏黄，镍呈冷银白色，抛光后的钴金属有淡蓝光泽等，这些带有特殊金属质感的材料色彩是任何其他颜料和涂料也无法实现的。另一种材料的色彩是通过表面处理工艺得到的，是材料的工艺特征，又称为设计色彩。它可以根据产品在设计时的色彩要求，设定合适的色调、明度，得到合适与产品的色彩效果。在设计产品时，无论是选用材料固有色彩还是采用设计色彩，都需要根据产品多方面的因素去确定，因材施艺（图 3–45、图 3–46）。

图 3–45　材料的固有色彩

图 3–46　材料的设计色彩

3. 造型材料的肌理特性

材料的肌理可以分为视觉肌理和触觉肌理。视觉肌理包括木材、石材的纹理，镀锌或镀镍的钢板，贴纸和装饰布等，这些肌理能给人们带来不同的精神感受。触觉肌理则在满足人们心理感受的同时承载更多的功能需求，例如经过拉丝处理的金属材料、磨砂玻璃、皮革以及具有凹凸肌理的塑料材料等（图 3–47 ～图 3–50）。

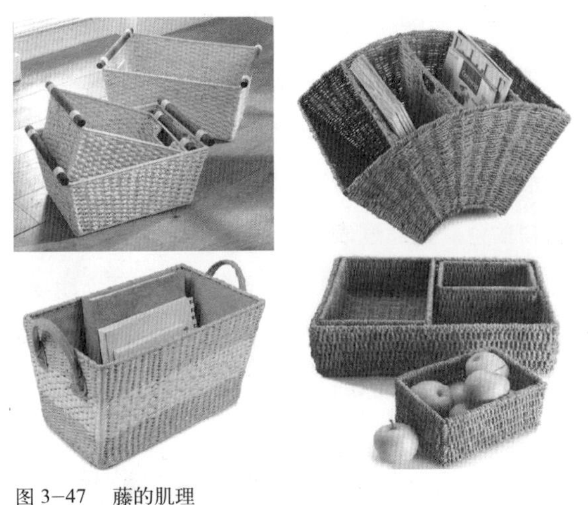

图 3–47　藤的肌理

图 3–48　拉丝金属的质地

图 3–49　拉丝金属的肌理

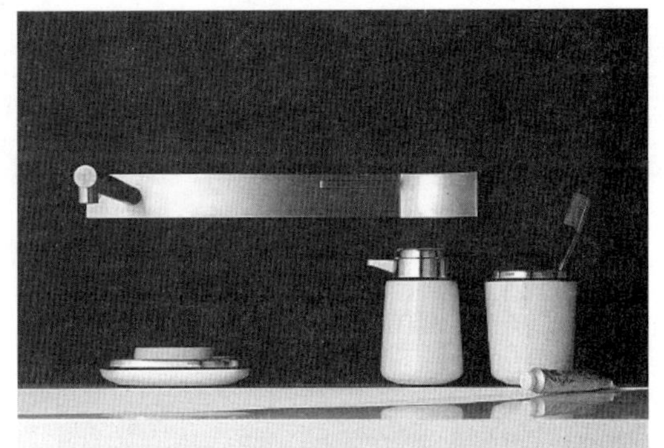

图 3–50　卫浴产品中的不锈钢肌理效果

对于一个产品设计来说，产品表面质感的处理与最终产品形态的形成有着非常重要的影响。例如，不锈钢材料通常表面平滑、光洁如镜，散发冷金属色，表现为既冷又硬的质感，一般情况下不适合大面积使用，多用于厨具、卫具等生活用品，在消费电子产品和交通工具设计中则多用于装饰构件和结构件。

在产品设计中，材质是产品风格塑造的最基本条件，就拿灯具设计来说，材质在灯具产品中，可以为设计师带来更大的想象空间。与周围环境相近的材质灯具可实现对相邻空间的借用，也能更充分地表达出整体的视觉感受；与周围环境风格迥异的灯具带来个性。对追求精神生活的人来说，灯具的材质能带来视觉、触觉以及心理上的共同满足，也能给空间带来更多的光感、视觉体验。色彩固然可以鼓动情感，但特殊的材质可以让一盏小小的灯成为视觉的焦点，材质使灯具的表情更加丰富，使设计师能够将灯具做成艺术品，以此来释放自己的创造力。例如玻璃饰材的出现，让人在空灵、明朗、透彻中丰富了对现代浪漫主义风格的觉醒。其中尤其值得一提的是冰块灯，设计师利用的是一个奢华的简约原则，为了制作出这个作品，花费了难以想象的工夫。整个制作是人工浇铸，并且经过长时间的冷却过程，如此才能确保在面对温度急剧变化时，不会产生龟裂的现象。厚实的玻璃，既要剔透，还要有冰块纹裂的感觉；同时还要能够承受灯泡的温度，使其从玻璃中透出微微的温暖，这些要求对工艺是一大挑战。比例更是重要，长、宽、高的比例恰到好处，才能呈现力度的美感。布艺灯具造就的氛围可以让人赏心悦目，轻柔透明的织物富有表现力和装饰性强调了光的散射效果，网状织物和压花絮绒的巧妙运用能产生很好的浮雕感（图 3–51 ～图 3–55）。

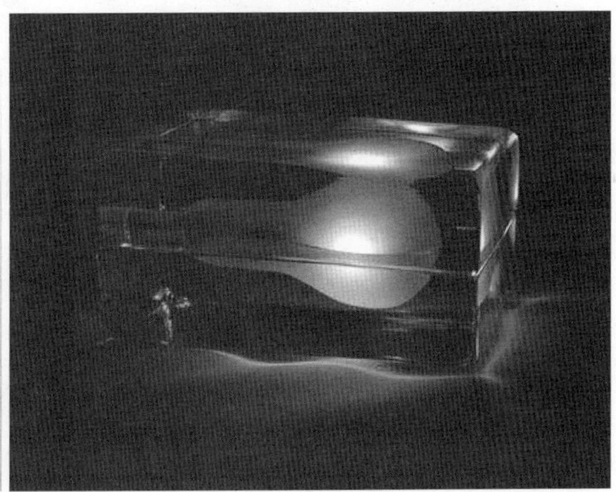

图 3–51　冰块灯。设计：哈里 · 科斯宁（Harri koskinen）

图 3–52　设计：莫斯利维尔考克斯设计公司。灯罩材质是一种特殊材料，使用者可以任意揉捏让灯罩展现出随意的形状。灯的底座则是非常传统的陶瓷材料。现代和古朴两种材质的对比，达到特殊的效果

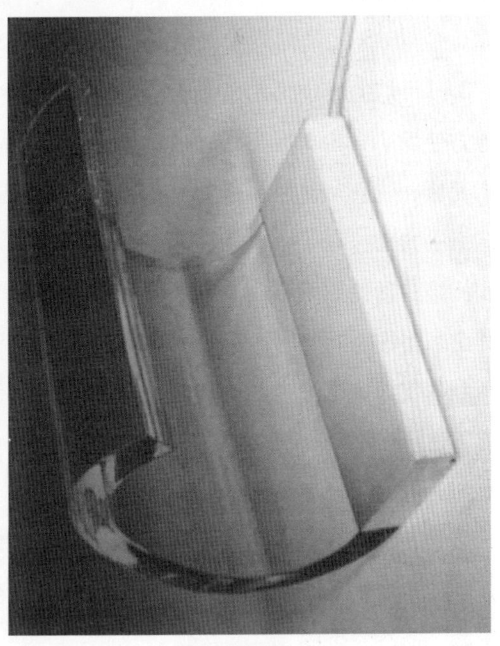

图 3–53　model no.281Acrilica 台灯。设计：乔 · 哥伦布（Joe Colombo）。亚克力材料被制成了 C 字形，美妙地呈现了材料在圆弧弯曲时的光传播能力

图 3-54　Evio 吊灯。2005 年产品设计类红点奖（Red dot award ：product design 2005）

图 3-55　volcano 落地灯，2004。设计：弗曼多和汉伯特－卡姆帕纳兄弟（Femando，Humberto-Campana）。尺寸：100 厘米到 185 厘米高。材料：竹子物体

Evio 吊灯的最惊人之处在于它的材料。整个流畅的形态是由山毛榉或坚果树木制成，个别的地方使用了石棉水泥板。这些材料使它看上去非常原始自然和特立独行。一方面，木材和石棉水泥板——通常使用在建筑中的材料——正是高级个人办公室、会所和贵宾休息室的设计要素。另一方面，Evio 能够很好地融入环境中去，与空间和灯光有了直接的对话。Evio 有直接照明和间接的顶棚照明两款，均以其形态给人留下强烈的印象。创新的格栅百叶窗技术堪称小型百叶窗照明器的典范。这些格栅百叶经由浇铸而成，看上去非常精准。

材料与设计形态的产生有着密不可分的关系，讨论材料对形态的影响，我们可以从以下四个方面进行分析：

（1）材料的自然属性对形态的影响

我们设计中所使用的任何一种材料，都有其固有的自然属性，不管这一材料是天然形成的还是人工合成的。自然属性可以分为物理属性和化学属性，这些属性决定了材料本身的特点，也影响了形态的生成。

对于某一形态而言，往往有一些材料能很恰当地表现它的造型特点和风格，而如果选择了其他的材料，则刚好相反，对其形态特点可能会有弱化和分散作用。因而，一种材料的自然属

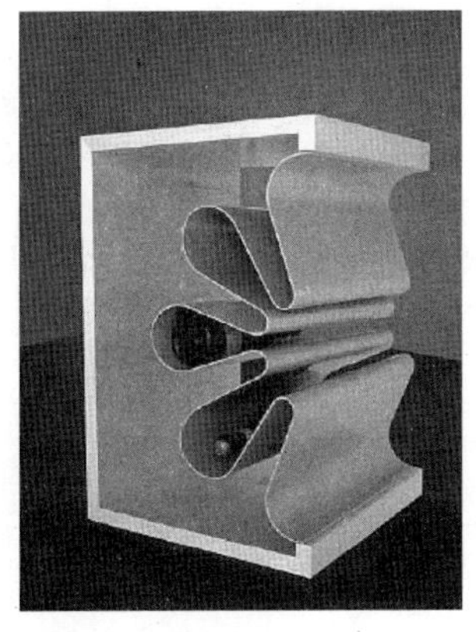
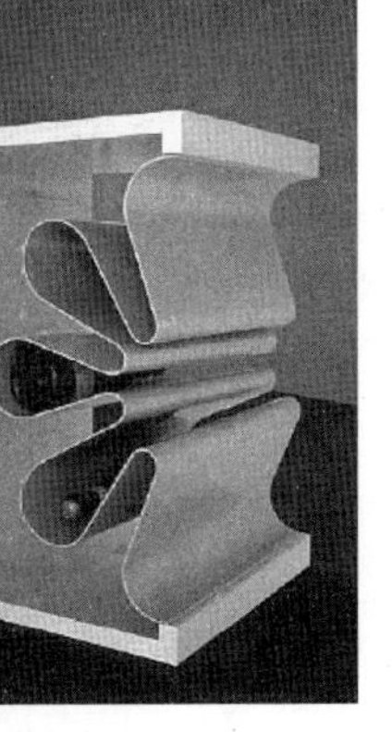

图 3-56 置物架

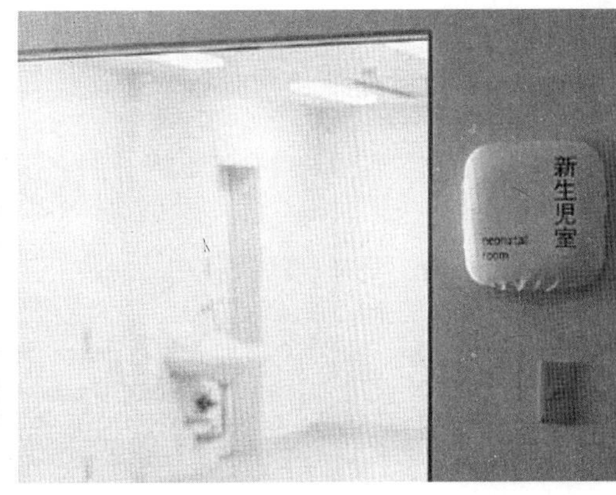

图 3-57 医院指示系统设计

性应该是同该材料形成的形态相匹配的。图 3-56 中的这个设计，就很好地利用了木材和金属这两种材料的特性。

由于材料之间自然属性的差别，每一种材料都会呈现出不一样的表面质感。同一造型，选用不同的材料，给人的心理感受会有很大的差别，粗糙的肌理给人以厚重、苍劲的感觉，而光滑细腻的肌理则给人以雅致、含蓄的感觉。同样一个汽车内饰部件的设计，当选用金属或者镀铬材料的时候，给人的感受就是冷俊而现代，而如果选用木材，则会形成轻松温暖的感觉。图 3-57 是日本著名设计师原研哉给一家妇产医院设计的指示系统中的一个指示牌，纯白的棉布给人以非常洁净和温馨的感觉。同时，材料的自然属性也影响着材料的应用领域。例如，有的材料强度不高，就不能用作产品的外壳部分；有的材料表面硬度比较低，就不能用在同环境接触较多的部分；有的易于传热的材料，则不适于做锅或水壶的手柄等。

(2) 材料的视觉特征与形态的关系

不同种类的材料，由于其物理与化学性质的不同，表面质感、色彩、形态也不同，就形成了不同的视觉特征，因而，材料自身的肌理也是形成形态视觉印象的重要元素。

另外，同一种材料不同的成型方式，也会使物体的整体形态呈现出不同的视觉特征。材料的加工形态包括三种：线材、面材和块材。线材在立体造型中扮演着重要的角色，用线材表现的形态，具有流畅的空间运动感觉，有时它可以成为形体的骨骼，有时则做为形体的轮廓。线材又有直线材和曲线材之分，从视觉心理上看，直线材给人以单纯、明确、刚硬、理智并具有男性化的印象；曲线材则给人以优雅、圆滑、柔软、抒情及女性化的感觉。用块状材料来表现的形态，具有很好的体量感，给人以敦实、厚重的感觉。面材的情感含义是轻薄而具有延伸感，面材的切口方向有近似线材的含义，而平面方向却给人块材的感觉，所以面材是线材与块材的综合体，对于面材的形态，如果处理得当的话，就能使人产生既轻盈又充实的感觉。图 3-58 是一个由线材、面材、块材共同构成的音箱设计。

我们在具体感受某一材料的视觉特征时，主要是受这种材料的理化特征以及材料加工所形成的物体形态因素的影响。同时，在设计创作中，形态的形成往往不只包括一种造型特征，而是几种造型特征的互相搭配和对比。因此，一个设计形态的成功，需要综合考虑材料的各种视觉特征。

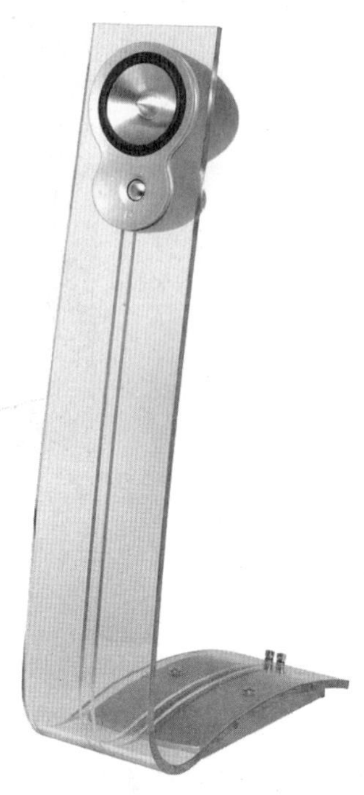

图 3–58　音箱设计

（3）材料的加工工艺对形态的影响

不同的材料有着不同的加工和成型方法，不同的加工工艺也将对产品的形态的创新起着直接的作用。在选择适合我们设计的材料时，首先要考虑的问题是所选的材料是否能方便地被加工成我们所期望的形态，比如是否能表现几何硬边的造型，能否加工成柔和的有机曲面造型等。这就需要我们对不同材料的加工工艺有比较深入的理解和认识，以避免在进行创意构思时，出现所选择的材料不能或很难加工成我们所期望的形态的情况。

由于各种材料的自然属性的差异，不同的材料有不同的加工工艺，比如加工金属的钣金工艺和塑料成型的注塑工艺，就有着很大的差别，前者比较适合被设计成以平面为主的、简洁的形态（图 3–59），而后者在造型上就自由得多了，可以被设计成形式多样的曲面形态（图 3–60）。

金属材料成分的不同，它的弹性、可塑性、强度、导电性和导热性等也都不一样。而塑料的品种则更多，塑料是指具有可塑性的高分子材料，分为热塑性和热固性两大类。塑料的物理和化学特性决定了其具有多种多样的加工工艺，丰富的加工成型手段决定了塑料制品形态的多样性。利用塑料制成的形态，可以是具有现代风格的硬边造型，也可以形成曲线流畅的、具有生命特点的有机形；可以是由多个塑料组件组合而成的造型，也可以是一次成型的形态；可以是体量感和重量感很强的丰满形态，也可以是轻灵飘逸的疏朗形态；利用塑料的表面处理技术，

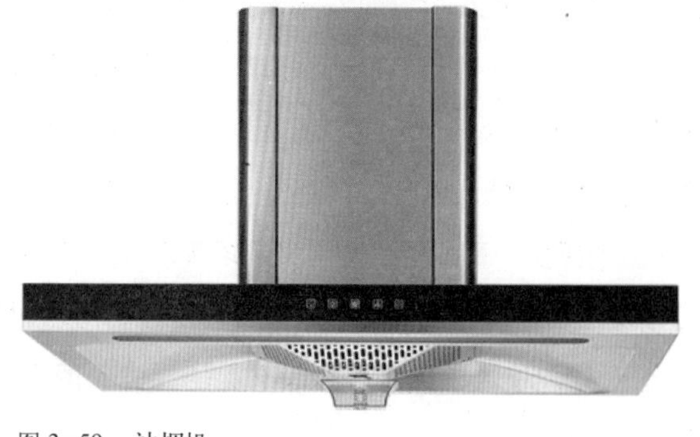

图 3–59　油烟机

图 3–60　音箱

还可以模拟出金属质感、木材或其他自然材料的质感。材料的自然属性在一定程度上限制了其所能形成的形态，但是，随着加工技术的不断进步和新的加工方法的产生，这种限制会越来越少。因此，研究材料及其加工工艺是非常重要的，设计师通过对材料及其加工工艺的了解和把握，能够更加灵活充分地运用和体现设计语言，使产品更加符合生产工艺上的要求。

（4）新材料或材料的新用途与形态设计的关系

随着现代科技的发展，材料领域的科学家们不断发现和创造出新的材料，每年都有很多新材料投入到生产中，这些新的材料对于产品设计师而言，无疑提供了更加丰富的想象空间，以前很多不能或很难实现的优美造型，在使用了新材料后都能方便的实现。这些新材料，性能各异，加工方式也各具特点，从而大大扩展了形态设计的可能性。

每一种重要的新材料或者材料的新用途的出现和成功运用，都会引发造型领域的一次重大变革。例如，塑料的出现与运用，就极大地改变了工业产品的面貌，与金属、木材制造的产品相比，塑料产品的造型几乎变得“随心所欲”。苹果台式电脑对透明材料的成功运用，使电脑形象焕然一新，引起了很大的震动，成为很多厂家竞相模仿的对象，也成为苹果公司发展的一个重要转折点（图 3–61）。如图 3–62 所示，1851 年英国伦敦第一届世界博览会的场馆建筑——水晶宫，第一次大规模地使用钢结构和大面积玻璃做为建筑材料，使建筑呈现出前所未有的形象，这座原本是为世博会展品提供展示场所的建筑，其自身却成为了第一届世博会最成功的展品，成为人类历史上里程碑式的作品，开创了一个全新的局面。

图 3–61　苹果电脑

图 3–62　“水晶宫”博览馆

3.2.2　典型材料的特性及加工工艺

1. 金属

金属材料是金属及其合金的总称。在工业产品造型设计中，金属材料设计是重要组成部分。它对产品的内在质量、可靠性和寿命以及外观造型、经济效益都起着决定性作用。应用最广泛的金属材料主要是钢铁材料，其次是有色金属材料。

（1）金属材料的特性

1）具有良好的反射能力，金属光泽及不透明性

金属中的自由电子能吸收并辐射出大部分投射到金属表面上的光能，所以洁净的金属表面有良好的反射能力、不透明，并呈现出各种金属所特有的颜色和光泽。给人以富丽的质感效果。若金属材料经过各种机械加工，如车削、铣削、刨削、刮削等，将会产生各种花纹，像美丽的旋光、螺旋形光环、条状肌理、鱼鳞花等表面装饰效果（图 3–63）。

2）具有良好的塑性变形能力（或称延展性）

由于金属没有饱和性、方向性，对原子也没有选择性，所以当金属晶体受外来作用而发生原子相对移动时，金属不会遭到破坏，金属材料表现出良好的承受塑性变形的能力。因此，金属材料能够经过轧制、挤压、拉拔等加工方法制成各种型材，以及很薄的箔、很细的丝，金属板材可以深冲加工，形成各种复杂的结构，以满足和实现工业产品造型的要求（图 3–64）。

图 3–63　金属材料的光泽及不透明性

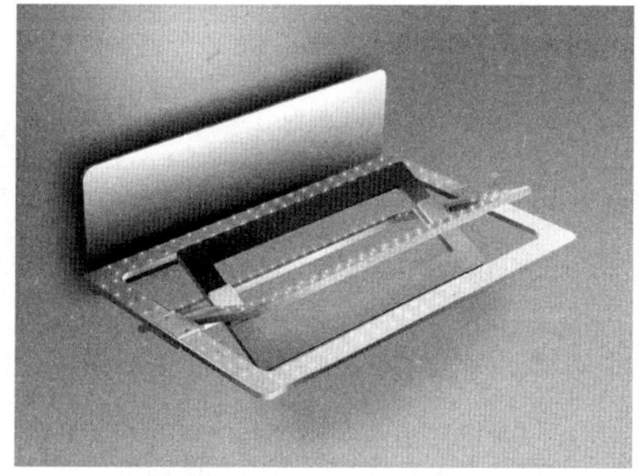

图 3–64　copernico led 灯具设计

3）具有良好的导电性、导热性和正的电阻温度系数

金属中有大量的自由电子存在，当金属的两端存在电势差和外加电场时，电子可以定向、加速地通过金属，使金属表现出良好的导电性。加热时，离子（或原子）的震动增强，金属中的空位增多，原子排列的规则性受干扰，电子运动受阻，因而电阻增大。温度低时离子（或原子）的震动减弱，则电阻减小。许多金属（约 30 种）具有超导性，即在接近绝对零度的温度时，电阻突然下降，实际上趋近于零，导电性趋于无穷大，产生超导现象。这种随着温度升高电阻增大的现象，即是金属所具有的正的电阻温度系数。金属的导热性好，一是因为自由电子的活动性很强；二是依靠金属离子振动的作用。

上述特性明确地反映了金属的本质，因此在材料工程中，常常把金属理解为有特殊光泽、优良导电导热性能和良好塑性的固体物质。非金属也可能有上述特性中的一种或几种，但不会

同时具有上述的全部特性，也达不到金属所能具有的那样高的性能水平。

（2）金属材料的成型与工艺特性

1）铸造加工及其工艺特性

铸造是熔炼金属、制造铸型并将熔融金属流入铸型、凝固后获得一定形状和性能的铸件成形方法。铸造加工有如下优点：

①适应性强。铸造生产不受零件大小、形状及结构复杂程度的限制。

②成本低廉。与锻造相比，铸造使用的原材料成本低，单件小批生产时，设备投资少，生产的动力消耗少，铸件的形状尺寸与成品零件极为相近，原材料消耗及切削加工费用大为减少。

2）压力加工及其工艺特性

金属压力加工是在外力作用下，使金属坯料产生塑性变形，从而获得具有一定形状、尺寸和机械性能的原材料、毛坯或零件的加工方法。工业生产中所用不同截面的型材、板材、线材等原材料大多是经过轧制、挤压、拉拔等方法生产的；而各种机器零件的毛坯或成品，如轴、齿轮、连杆、汽车大梁、油箱等大多数是采用自由锻、模锻和冲压方法生产出来的。

3）焊接加工及其工艺特性

焊接加工是充分利用金属材料在高温作用下易熔化的特性，使金属与金属发生相互连接的一种工艺，是金属加工的一种辅助手段。金属焊接按其过程特点可分为三大类：熔焊、压焊、钎焊（图 3–65）。

图 3–65　通过焊接技术加工而成的 chequered 椅子设计

4）机械加工及其工艺特性

金属切削加工是用刀具从金属材料上切去多余的金属层，从而获得符合要求的几何形状、尺寸精度和表面粗糙度的机械零件的加工方法。

金属切削加工可分为钳工和机械加工两部分。钳工是利用各种手工工具对金属进行切削加工的。基本的加工方法有划线、錾切、锯割、锉削、钻孔、攻丝、套扣和刮研等。机械加工（简称机加工）是通过工人操纵机床对工件进行切削加工的。其主要方法是车、钻、铣、刨、磨合齿轮加工等。

5）粉末冶金

粉末冶金是以金属粉末或金属化和物粉末为原料，经混合、成型和烧结，获得所需形状和性能的材料或制品的工艺方法。粉末冶金法能生产用传统的熔炼或加工方法所不能或难以制得的制品，特别适合生产特殊性能或高性能的特殊材料。

（3）金属材料的表面装饰

金属材料表面处理及装饰的功效一方面是保护作用，另一方面是装饰作用。金属材料表面装饰技术是保护和美化产品外观的手段，主要分为表面着色工艺和肌理工艺。

1）金属表面着色工艺

金属表面着色工艺是采用化学、电解、物理、机械、热处理等方法，使金属表面形成各种色泽的膜层、镀层或涂层。金属材料的表面装饰也被称作金属材料的表面被覆处理。表面被覆处理层是一种皮膜。如镀层和涂层覆盖制品表面的处理过程，是比较重要的表面装饰方法。以下介绍几种常见的金属表面装饰方法：

阳极氧化染色：在特定的溶液中，以化学或电解的方法对金属进行处理，生成能吸附染料的膜层，在染料作用下着色，或使金属与染料微粒共析形成复合带色镀层。染色的特征是使用各种天然或合成染料来着色，金属表面呈现染料的色彩（图 3–66）。

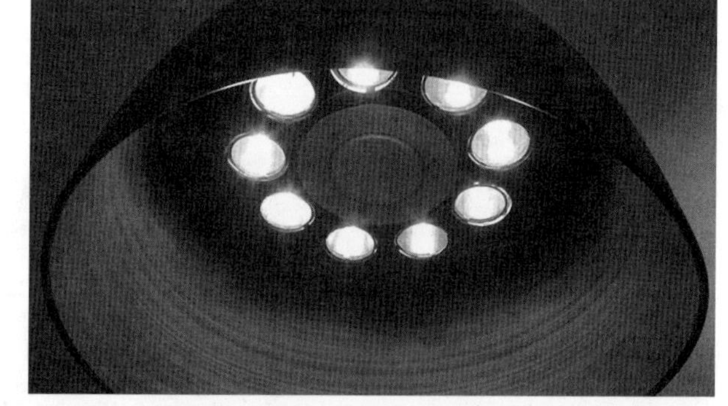

图 3–66　经过阳极氧化染色而成的灯罩

镀覆着色：采用电镀、化学镀、真空蒸发沉积度和气相镀等方法，在金属表面沉积金属、金属氧化物或合金等，形成均匀膜层。

涂覆着色：采用浸涂、刷涂、喷涂等方法，在金属表面涂覆有机涂层。

化学着色：在特定的溶液之中，通过金属表面与溶液发生化学反应，在金属表面生成带色的基体金属化合物膜层、镀层或涂层。

电解着色：在特定的溶液中，通过电解处理方法，使金属表面发生反应而生成带色膜层。

珐琅着色：在金属表面覆盖玻璃质材料，经高温烧制形成膜层。

热处理着色：利用加热的方法，使金属表面形成带色氧化膜。

传统着色技术：包括做假锈、汞齐镀、热浸镀锡、镏金、镏银以及亮斑等。

2）金属表面肌理工艺

金属表面肌理工艺是通过锻打、刻划、打磨、腐蚀等工艺在金属表面制作出的肌理效果。以下即几种常见的金属表面肌理加工工艺（图 3–67 ～图 3–69）：

图 3–67　抛光不锈钢

图 3–68　表面镶嵌

图 3–69　金属表面蚀刻工艺

表面锻打：使用不同形状的锤头在金属表面进行锻打，从而形成不同形状的点状肌理，层层叠叠，具有装饰性。

表面抛光：利用机械或手工以研磨材料将金属表面磨光的方法。表面抛光又有磨光、镜面、丝光、喷砂等效果。根据表面效果的不同，使用的工具和方法也不尽相同。

表面镶嵌：在金属表面刻画出阴纹、嵌入金银丝或金银片等质地较软的金属材料，然后打磨平整。呈现纤巧华美的装饰效果。

表面蚀刻：是使用化学酸进行腐蚀而得到的一种斑驳、沧桑的装饰效果。

2. 塑料

现代工业产品的造型设计中愈来愈多的采用塑料材料，其主要原因是塑料可使产品的造型取得良好的艺术效果和经济效果。

（1）塑料的特性

塑料制品可以通过一道工序，获得所需任何复杂形状的产品，而且很少再需要进行进一步的加工和表面处理，使产品的造型设计不受或少受造型形式和加工技术的限制，能充分实现设计师对产品内外结构和造型的巧妙构思。此外，塑料的外观可变性大，易着色，可制成透明、半透明和不透明，可注塑出各种不同的表面肌理，并通过镀饰、涂饰、印刷等装饰手段，加工出近似金属、木材、皮革、陶瓷等各种材料所具有的质感。利用塑料的色彩效果、肌理效果以及表面加工的随意性，可大大提高产品外观造型的整体感和艺术质量。

（2）塑料加工工艺

塑料成型是将树脂和各种添加剂的混合物作为原料，制成具有一定形状的制品的工艺过程。塑料成型的方法很多。塑料制品性能的优劣，既与选用的塑料品种、组成、结构和性能有关，也与成型方法和具体的工艺条件等因素有关。因此，在原料确定之后，应充分注意其成型加工与材料性能的关系，从而优化工艺，生产出造型和使用性能优良的塑料制品。

1）注射成型技术与工艺特性

注射成型又叫注塑成型，适用于热塑性塑料和部分流动好的热固性塑料制品的成型。这种成型方法可一次成型出外形复杂且尺寸精确的塑料制品，生产成型周期短，一般制品成型时间仅 30 ～ 60 秒即可完成，便于实现自动化和半自动化生产，生产效率高，模具利用率高，成型制品的一致性好，制品几乎不需进一步加工（图 3–70）。

2）挤出成型技术与工艺特性

挤出成型工艺原理是物料由加料斗进入料筒被熔融，由螺杆在一定压力作用下将物料挤出，利用端部的塑模使之形成一定的形状，再经冷却、固化，制成同一截面的连续型材，如管材、板材、棒材、薄膜、丝、异型材、涂层制品等。挤出制品的几何形状和要求不同时，应设计制出相应的塑模机头来满足制品的要求（图 3–71）。

挤出成型的主要优点是能连续生产同一截面的长件制品；复杂部件和复杂功能的材料可整体成型；可进行自动化大批量生产；容易与同类材料或与异性材料符合成型；设备成本低，占

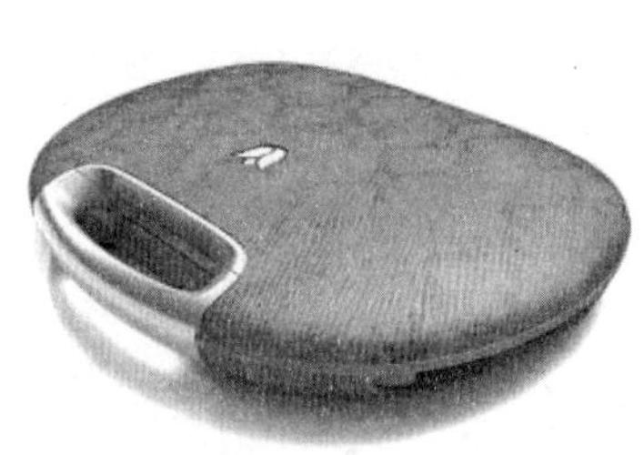

图 3–70　由注塑成型工艺

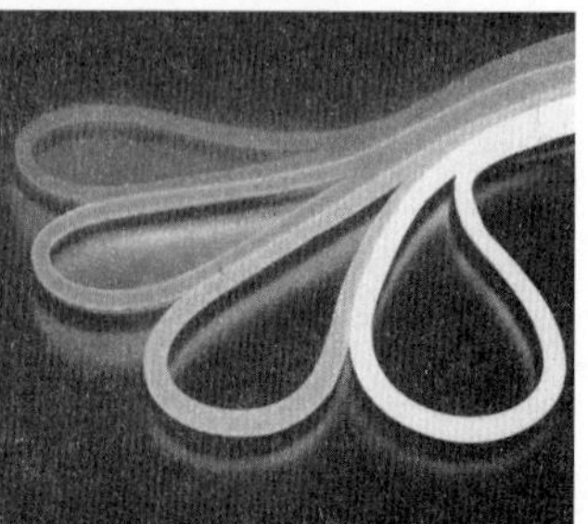

图 3–71　柔软的灯，外壳由 PVC 挤出成型

地面积小；生产环境好；操作简单，工艺过程易控；产品质量均匀，致密；浇口、浇道和毛边等废料损耗少。

挤出成型的主要缺点是结构复杂的截面形状难以达到高精度且模具造价高；有些制品由于形状的原因，在技术上还存在着难于成型的问题。

3）压制成型技术与工艺特性

压制成型主要用于热固性塑料制品的生产，有模压法和层压法两种。模压法是将树脂和其他添加剂混合料置于金属模具中加热加压，塑料在热和压力作用下熔融、流动充满模腔，树脂与固化剂发生交联反应，经一定时间，固化成具有一定形状的制品。物料完全固化后、开启模具将其取出，经修边、抛光等加工制成符合要求的制品。层压法是以纸张、棉布、玻璃布等片状材料，在树脂中浸渍，然后一张一张叠放成需要的厚度，放于层压机上加热加压、经一定时间后，树脂固化，相互粘结成型。主要用于各种增强塑料板材、棒、管材等。

压制成型的特点是（图 3—72）：

①设备投资低；

②工艺条件容易控制；

③形态的创造以功能为取向原则，其他因素对成型影响较小；

④不需要流道与浇口，物料损失小；

⑤制品尺寸范围宽，可压制较大的制品；

⑥制品收缩率小、变形小、各项性能较均匀；

图 3—72　整体压制成型的塑料悬臂椅 Myto

⑦制件易修整、表面平整、光洁；

⑧成型周期长、生产效率低，较难实现自动化生产；

⑨形状复杂、加强筋密集、金属嵌件多的制品不易成型；

⑩制品在加压方向很难得到高精度尺寸；

⑪对模具材料要求高等。

4）其他塑料成型技术

吹塑成型是先用挤压法或注射法将熔融塑料挤成管状塑料（型坯），在管状塑料还处于软化状态（即冷却硬化前）放入模具内，向该管内吹入压缩空气将其吹胀，使之压贴在模腔内壁，经冷却，硬化成中空制品；或用压缩空气将挤出的管状塑料型坯连续吹胀成直径较大的管状薄膜的工艺过程（图 3—73）。

图 3—73　吹塑而成的米勒啤酒瓶

图 3–74　亚马逊花瓶：聚氨酯树脂浇铸而成

真空成型是将热塑性塑料片材或板材固定在模具上，用加热器将该塑料加热到软化状态，将膜腔抽真空，使软化的片材或板材吸附于膜腔，经冷却后硬化成型。这种成型方法的设备较简单，所需模具可用石膏、木材、金属等制作，可以生产大型制品，成型速度较快，操作容易，但制品厚度不易均匀，制品表面粗糙，难于制造复杂形状的制品。

浇铸成型是在室温或经加热为液态的树脂中加入固化剂、催化剂和其他添加剂，将物料混合均匀，在液态下倒入成型模具中，使物料在常温或一定温度下通过化学反应逐渐固化成型。如环氧树脂、酚醛树胎、聚酯树脂等热固性塑料都可采取这种方法成型。这种方法工艺简单、成本低、可用来生产体积很大的构件，但生产效率低，产品形状受到限制（图 3–74）。

（3）塑料的表面处理

塑料表面处理包括镀饰、涂饰、印刷、烫印、压花、彩饰等。

涂饰：塑料零件涂饰的目的，主要是防止塑料制品老化，提高制品耐化学药品与耐溶剂的能力以及装饰着色，获得不同表面肌理等。

镀饰：塑料零件表面镀覆金属，是塑料二次加工的重要工艺之一。它能改善塑料零件的表面性能，达到防护、装饰和美化的目的。例如，使塑料零件具有导电性，提高制品的表面硬度和耐磨性，提高防老化、防潮、防溶剂侵蚀的性能，并使制品具有金属光泽。因此，塑料金属化或塑料镀覆金属，是当前扩大塑料制品应用范围的重要加工方法之一。

烫印：利用刻有图案或文字的热模，在一定的压力下，将烫印材料上的彩色锡箔转移到塑料制品表面上，从而获得精美的图案和文字（图 3–75、图 3–76）。

图 3–75　镀饰，法国设计师 FX Balléry 为法国品牌 Domeau&Pérès 设计的一系列颜色明亮的花瓶，外表跟水管有点相像，花瓶们是用 PVC 做成的

图 3–76　Philippe Di Méo 创意产品

3. 木材

木材是一种优良的传统造型材料，从古到今，它一直是最常用、最广泛的材料之一，其自然朴素的特性令人产生亲切感，被认为是最富于人性特征的材料。

(1) 木材的基本性能

木材具有如下的特性（图3–77）：

1）质轻。木材由疏松多孔的纤维素和木质素构成。它的密度因树种而不同，一般在0.3～0.8之间，比金属、玻璃等材料的密度小得多，因而质轻坚韧、并富有弹性，在纵向（生长方向）的强度大，是有效的结构材料，但其抗压、抗弯曲强度较差。

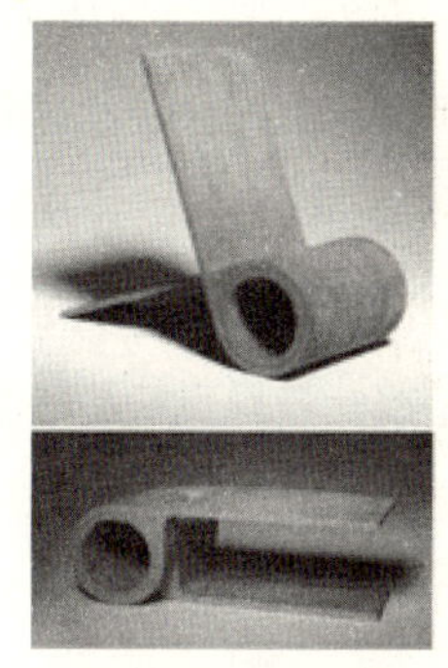

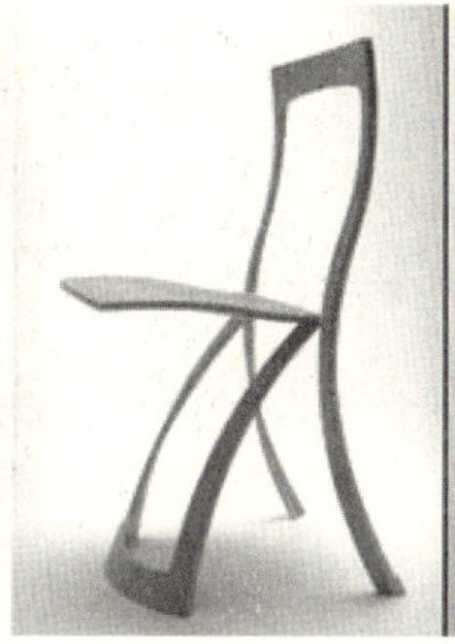

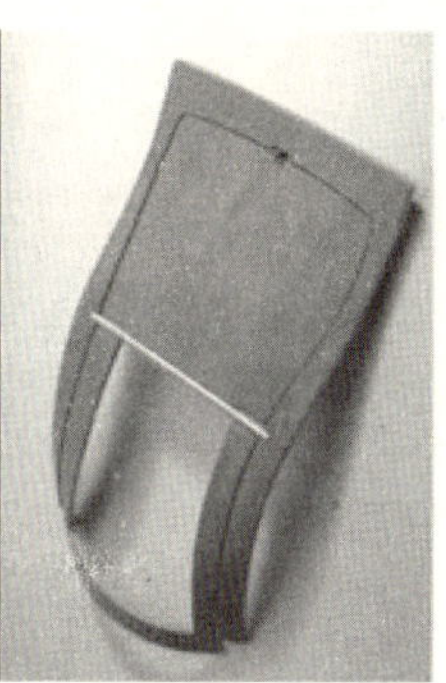

图3–77　木材的应用

2）具有天然的色泽和美丽的花纹。不同树种的木材或同种木材的不同材区，都具有不同的天然悦目的色泽。如红松的心材呈淡玫瑰色，边材成黄白色；杉木的心材成红褐色，边材呈淡黄色等。又因年轮和木纹方向的不同而形成各种粗、细、直、曲形状的纹理，经旋切、刨切等多种方法还能截取或胶拼成种类繁多的花纹。

3）具有调湿特性。木材由许多长管状细胞组成。在一定温度和相对湿度下，对空气中的湿气具有吸收和释放的平衡调节作用。

4）隔声吸声性。木材是一种多孔性材料，具有良好的吸声、隔声功能。

5）具有可塑性。木材蒸煮后可以进行切片、在热压作用下可以弯曲成型，木材可以用胶、钉、榫眼等方法比较容易和牢固地接合。

6）易加工和涂饰。木材易锯、易刨、易切、易打孔、易组合加工成型，且加工比金属方便。由于木材的管状细胞吸湿受潮，故对涂料的附着力强，易于着色和涂饰。

7）对热、电具有良好的绝缘性。木材的热导率、电导率小，可做绝缘材料，但随着含水率的增大，其绝缘体性能随之降低。

8）易变形、易燃。木材由于干缩湿胀容易引起构件尺寸及形状变异和强度变化，发生开裂、扭曲、翘曲等弊病。木材的着火点低，容易燃烧。

9）各向异性。木材是具有各向异性的材料，即使是同一树种的木材，因产地、生长条件和部位不同，其物理、化学性质差异很大，使之使用和加工受到一定的限制。

（2）木制品构件的加工技术

木材的锯割是木材成型加工中用得最多的一种操作。按设计要求将尺寸较大的原木、板材或方材等，沿纵向、横向或按任一曲线进行开锯、分解、开榫、锯肩、截断、下料时，都要运用锯割加工。

刨削也是木材加工的主要工艺方法之一。木材经锯割后，表面一般较粗糙且不平整，因此必须进行刨削加工。木材经刨削加工后，可以获得尺寸和形状准确、表面平整光洁的构件。

木制品构件间结合的基本形式是框架榫孔结构。因此，榫孔的凿削是木制品成型加工的基本操作之一。

木制品中的各种曲线零件，制作工艺比较复杂，一般是通过木工铣削机床来完成的。木工铣床是一种万能设备，既可用来截口、起线、开榫、开槽等直线成型表面加工和平面加工，但主要是用于曲线外形加工，是木材制品成型加工中不可缺少的设备之一。

（3）木材的表面装饰技术

随着人们生活水平的提高，对木制品的表面质量要求越来越高，单纯依靠木材自身的天然纹理色泽，已不能满足人们的需要，而且木材还存在许多缺陷，优质木材也越来越少，因此，需要对木制品表面进行装饰，以增强木制品外观的美观效果，并提高木制品的使用性能，延长使用寿命。

木材制品的表面装饰主要通过表面覆贴、表面涂饰和化学镀三种方式来实现。

1）木制品表面覆贴

表面覆贴是将面饰材料通过胶粘剂粘贴在木制品表面而成一体的一种装饰方法。表面覆贴工艺中的后成型加工技术是近年来开发的板材边部处理的新技术。

其工艺方法：以木制人造板（刨花板、中密度纤维、厚胶合板等）为基材，将基材按设计要求加工成所需的形状，覆贴底面的平衡板，然后用一整张装饰贴面材料对板面和端面进行覆贴封边。后成型加工技术改变了传统的封边或包边方式和生产工艺，可制作圆弧形甚至复杂曲线型的板式家具，使板式家具的外观线条变得柔和、平滑和流畅，一改传统家具直角边的造型，增加外观装饰效果，从而满足了消费者的使用要求和审美要求。

2）木制品的表面涂饰

木制品表面涂饰的目的主要是装饰作用和保护作用。木制品在涂饰之前要进行表面处理。因为木制表面不可避免地存在各种缺陷，若不预先进行表面处理，会严重影响涂饰质量，降低装饰效果。涂饰前的表面处理一般分 4 个步骤：干燥、去毛刺、脱色及消除木材内杂物。预处理后才能做底层。做底层是为了改善木制品表面的平整度，提高透明涂饰及模拟木纹涂饰的木纹和色彩的显示程度，获得纹理优美、颜色均匀的木质表面。底层完成后便可以进行面层的涂饰。用于木制品表面涂饰的涂料一般可以分为透明涂饰和不透明涂饰两大类。透明涂饰主要用于木纹漂亮、底材平整的木制品（图 3–78、图 3–79）。

3）化学镀

化学镀是指在没有外加电流的条件下，利用处于同一溶液中的金属盐和可在具有催化活性的基体表面上进行自催化氧化还原反应的原理，在基体表面形成金属或合金镀层的一种表面处理技术，亦称为不通电镀或自催化镀。木材主要是镀铜或金。化学镀不仅能够使木材具备电磁屏蔽性能，而且由于铜和金的镀膜色泽，能够显示木制品华丽的装饰性，增加木制品的附加值（图 3–80）。

4. 玻璃

当今，科学技术高度发达，各种自然材料和人工材料日益丰富，玻璃这一"古老而又新兴、奇特而又美丽"的材料，正前所未有地发挥出它的特性。玻璃具有一系列的优良特性，如坚硬、透明、气密性、不透性、装饰性、化学耐蚀性、耐热性及电学、光学等性能。而且能用吹、拉、压、铸、槽沉等多种成型和加工方法制成各种形状和大小的制品。玻璃作为现代设计中一大媒介材料。已经成为人们现代生活、生产和科学实验活动中不可缺少的重要材料。

（1）玻璃的基本性能

玻璃是将原料加热熔融，冷却凝固所得的非晶态无机材料。由于玻璃的非晶态结构其物理性质和力学性质等是各向同性的。玻璃的强度取决于其化学组成、杂质含量及分布、制品的形状、表面状态和性质、加工方法等。玻璃

图 3–78　设计师 Julian Robin 设计的这款木制灯，不开灯的时候灯的外表是普通的由木块材料做成的，直到你把灯打开，才能看到其中的奥妙，享受着片片树叶情（运用木头的纹理进行巧妙的设计）

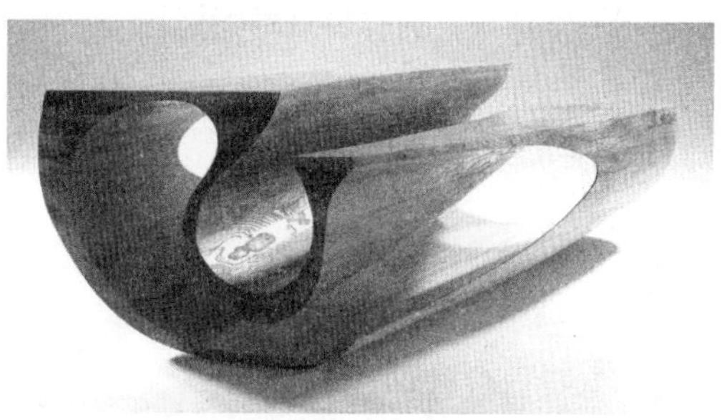

图 3–79　爱尔兰设计师 Joseph Walsh 设计了一系列 Formations 家具，该家具系列包括 Formations 椅、Formations 桌子和 Erosion （low table），其中的 Formations 椅造型极性感

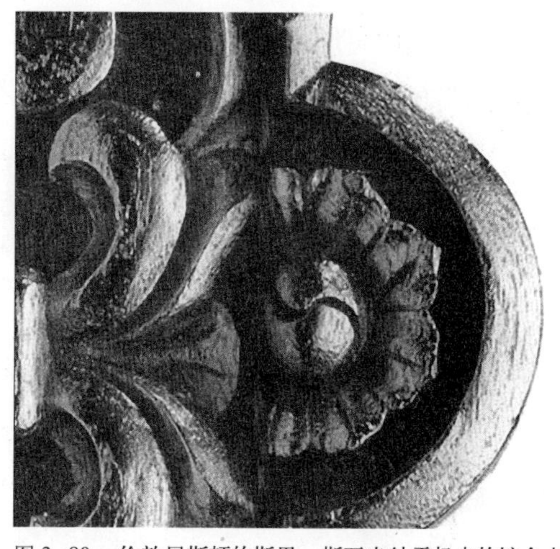

图 3–80　伦敦尼斯顿的斯里 · 斯瓦米纳雷扬寺的镀金木头

是一种脆性材料，其强度一般用抗压、抗拉强度等来表示。玻璃的抗拉强度较低，这是由于玻璃的脆性和玻璃表面的微裂纹所引起的。玻璃的硬度较大，硬度仅次于金刚石、碳化硅等材料，它比一般金属硬，不能用普通刀和锯进行切割。玻璃是一种高度透明的物质，具有一定的光学常数、光谱特性，具有吸收或透过紫外线和红外线、感光、光变色、光储存和显示等重要光学性能。常温下玻璃是电的不良导体。温度升高时，玻璃的导电性迅速提高。熔融状态时则变为良导体。大多数工业用玻璃都能抵抗除氢氟酸以外其他酸的侵蚀。玻璃耐碱腐蚀性较差。玻璃长期在大气和雨水的侵蚀下，表面光泽会失去，变得晦暗。

（2）玻璃的成型工艺

玻璃的成型是将熔融的玻璃液加工成具有一定形状和尺寸的玻璃制品的工艺过程。常见的玻璃成型方法有：压制成型、吹制成型、拉制成型、压延成型、浇注成型和烧结成型。

压制成型是在模具中加入玻璃熔料加压成形，多用于玻璃盘碟、玻璃砖。玻璃制品是在有石墨涂层、具有需要形状及尺寸的铁模中加压成型的，一般模具使用时应提前预热，使模的表面温度均匀，保证成型质量符合要求。

吹制成型是先将玻璃粘料压制成雏形型块，再将压缩气体吹入处于热熔态的玻璃型块中，使之吹胀成为中空制品。吹制成型可分为机械吹制成型和人工吹制成型，用来制造瓶、罐、器皿、灯泡等。

拉制成型是利用机械拉引力将玻璃熔体制成制品，分为垂直拉制和水平拉制，主要用来生产平板玻璃、玻璃管、玻璃纤维等。这种工艺成型的玻璃制品都有恒定的截面。例如，将成型的薄板漂浮通过处于高温的熔化锡浴槽，制品的平整度和表面光洁度可有较大的提高。

压延成型是用金属辊将玻璃熔体压成板状制品，主要用来生产压花玻璃、夹丝玻璃等，该成型分为平面压延与辊间压延成型（图 3–81 ～图 3–83）。

浇注成型是将熔融玻璃液体注入模内或平台上，经退火、冷却和加工制成产品，主要用于各种光学器件、艺术雕刻、装饰玻璃制品等的制做。

图 3–81　玻璃制品

烧结成型是用于不宜用熔融玻璃液成型的玻璃制品，是采用粉末烧结成型的方法，可分为干压成型、注浆成型等。

（3）玻璃的热处理

玻璃制品在生产中，由于要经受激烈和不均匀的温度变化，导致制品内部产生热应力。结构变化的不均匀及热应力的存在会降低制品的强度和热稳定性，很可能在成型后的冷却、存放和机械加工过程中自行破裂；制品内部结构变化的不均匀性，又可能造成玻璃制品光学性质的不均匀。因此，玻璃制品成型后，一般都要经过热处理。

玻璃制品的热处理，一般包括退火和淬火两种工艺。退火就是消除或减小玻璃制品中的热应力的热处理过程。对于光学玻璃和某些特种玻璃制品，通过退火可使内部结构均匀，以达到要求的光学性能；淬火就是使玻璃表面形成一个有规律、均匀分布的压力层，以提高玻璃制品的机械强度和热稳定性。

（4）玻璃制品的表面处理

表面处理包括玻璃制品光滑面与散光面的形成（如器皿玻璃的化学刻蚀、灯泡的毛蚀玻璃化学抛光等）、表面着色和表面涂层（如镜子镀银、表面导电）等。

1）玻璃彩饰：利用彩色釉料对玻璃制品通行装饰的过程。常见的彩饰方法有：描绘喷花、贴花和印花等。彩饰方法可单独采用，也可组合采用。描绘是按图案设计要求用笔将釉料涂在制品表面。喷花是将图案花样制成镂空型版紧贴在制品表面，用喷枪将釉料喷到制品上。贴花是先用彩色釉料将图案印刷在特殊纸上或薄膜上制成花纸，然后将花纸贴到制品表面。印花是采用丝网印刷方式用釉料将花纹图案印在制品表面。所有玻璃制品彩饰后都需要进行彩烧，才能使釉料牢固地熔附在玻璃表面，并使色釉平滑、光亮、

图 3−82　设计师 Andrea Bandoni 和 jJoana Meroz 联合设计的花瓶，花瓶适用荷兰口吹玻璃制作的，细致优雅

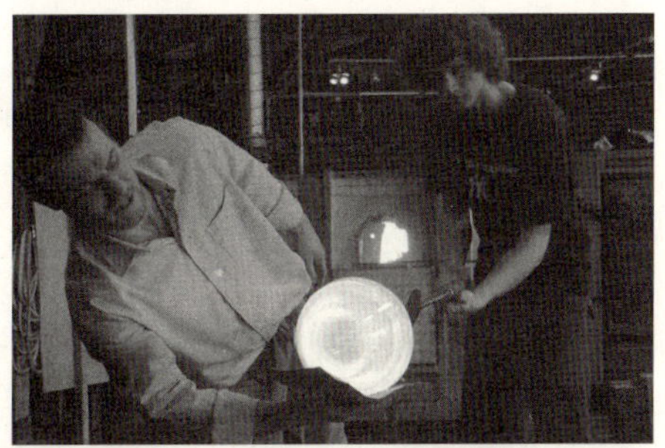

图 3−83　为口吹玻璃的过程

鲜艳，且经久耐用。

2）玻璃蚀刻：利用氢氟酸的腐蚀作用，使玻璃获得不透明毛面的方法。先在玻璃表面涂覆石蜡、松节油等作为保护层并在其上刻绘图案，再用氢氟酸溶液腐蚀刻绘所露出的部分。蚀刻程度可通过调节酸液浓度和腐蚀时间来控制，蚀刻完毕除去保护层。多用于玻璃仪器的刻度和标字，玻璃器皿和平板玻璃的装饰等（图 3–84）。

图 3–84　玻璃蚀刻

5. 陶瓷

陶瓷，也称之为无机非金属材料，是人类生产、生活中不可缺少的重要材料之一。随着人类社会的进步和科学技术的飞速发展，陶瓷材料的研究、开发、应用与生产已不再局限于传统的日用陶瓷、建筑陶瓷、电瓷等陶瓷材料及制品，一些具有优异特性的用于国防、尖端技术及国民经济各部门的新型陶瓷得到了飞速的发展，成为现代工程材料的重要支柱之一（图 3–85）。

（1）常用陶瓷材料的基本性能

1）白度：白度是指陶瓷材料对白色光的反射能力。是以 45° 角照射到陶瓷试样表面上的白色光反射强度与化学纯硫酸钡试样（白度作为 100%）进行比较得到的。

2）透光度：透光度是指陶瓷允许可见光透过的程度，通常用透过瓷片的光强度与入射光的强度之比表示。透光度与陶瓷材料的组成、结构、气孔率、厚度等因素有关。

3）光泽度：光泽度是指陶瓷表面对可见光的反射能力。陶瓷的光泽度取决于瓷体表面的平整和光滑程度。一些陶瓷表面常施釉进行装饰，其釉面平整光滑、无针孔等缺陷时，光泽度就高。

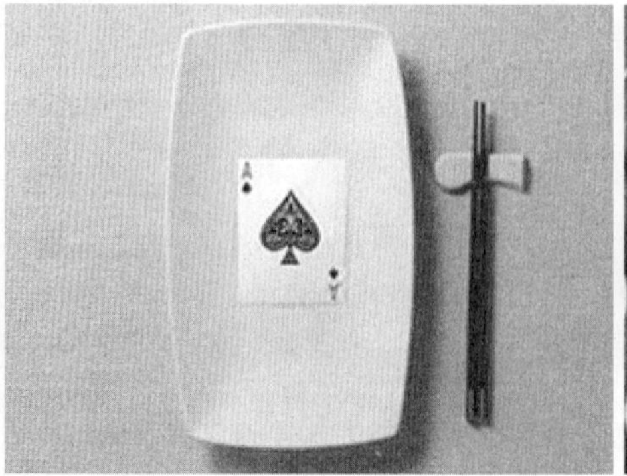

图 3–85　陶瓷产品

一般陶瓷材料耐酸侵蚀性能良好，有些陶瓷还具有较好的耐碱侵蚀性能和耐环境大气腐蚀的性能。

(2) 工业陶瓷材料成型技术

陶瓷的成型方法很多，如注浆成型、热压铸成型、轧膜成型、流延成型、印刷成型、等静压成型、车坯成型、干压成型、挤制成型和滚压成型等。

可塑法成型主要包括挤制法、车坯法、旋坯法、滚压法和轧膜法成型。

1) 挤制法成型

挤制成型又叫挤压成型，主要用于制造管形和棒形制品，如电阻基体瓷棒、瓷管，也可用于片形制品成型。这种成型方法生产效率高、产量大、操作简便。

挤制成型所用挤压机分卧式和立式两种。黏土含量较多的配料一般不加胶粘剂，经真空练泥、困料后可用于挤制。这种坯料一般含水16%～25%。黏土含量少于15%或不含黏土的配料，必须加胶粘剂，经真空练泥、困料后才能用于挤制成型。所加的胶粘剂主要有聚乙烯醇、羟甲基纤维素、糊精、甲基纤维素、羟丙基甲基纤维素等的水溶液，还有桐油、亚硫酸纸浆废液等。胶粘剂的种类和用量视具体配料的性质而定。例如，有的氧化铝瓷需加入23%的甲基纤维素水溶液（浓度为20%）。

2) 车坯成型

车坯成型是在车床上进行的。主要用于外形复杂的圆柱形制品的成型。所用泥坯应有很好的可塑性，可用真空练泥机挤制，也可用注浆法制出，但干燥的坯料应有足够的强度，才适合于在车床上加工。

3) 旋坯法成型

旋坯法成型是装有泥料的石膏模随陶车机头旋转时，缓慢放下型刀，模内的泥料受型刀的挤压和剪切作用，贴紧在模具上形成需要的形状的坯体。这种方法可分为：阴模旋坯——石膏模内凹，模内壁决定坯件的外形，型刀决定坯件的内部形状；阳模旋坯——石膏模凸起，坯件内表面形状由模型决定，外表面内型刀旋压决定。

4) 滚压法成型

这种成型是盛有泥料的模型和尖锥形成圆柱状滚压头分别绕自己的轴线以一定速度旋转，滚压头一面转动一面压紧泥料，将泥料制成一定的形状。与旋坯成型相似，液压成型可分为阳模液压和阴模液压成型。

5) 轧膜法成型

轧膜成型主要用于薄片状陶瓷制品坯体的成型。轧膜成型的薄片厚度可达10μm，这种成型件的烧成温度比干压低10～20℃。

轧膜成型必须将一定量的胶粘剂加入瓷料中并混匀才能在轧膜机上进行。常用的胶粘剂有聚乙烯醇水溶液和聚酯酸乙烯酯（用甲苯和无水乙醇溶解）。胶粘剂的用量根据坯料种类、环境温度和膜厚而定，通常为20%～25%，外加2%～5%的甘油。通常瓷料呈中性或弱酸性时，用聚乙烯醇粘合剂较好；瓷料为碱性时，选用聚醋酸乙烯酯。

注浆成型的方法主要有两种。一种是孔心注浆，这种方法所用的石膏模是空心的（即无型芯），泥浆注满模腔经过一定时间后，石膏模腔内壁粘附一定厚度的坯体，将多余的泥浆倒出，坯体形状便在模内形成。坯体的厚薄取决于吸浆时间，模型的湿度和温度，以及浆料的性质。这种方法适于小型薄壁的产品。另一种方法是实心注浆，这种方法所用石膏模具有外模和模芯，泥浆注入外模与模芯之间，坯体的上表面由外模腔决定，内部形状则由模芯决定。这样泥浆注满后，模型从两个方向吸取泥浆的水分，往往造成靠近模壁处坯体致密，而坯体中心较疏松，这与泥浆性能和浇注操作有关，所以应精心制作泥浆和严格操作。

干压成型是通过模具对装在其中的瓷料粉末施加压力，压制成一定尺寸和形状的方法。这种方法生产效率高，易于自动化，制品烧成收缩率小，不易变形。该法适于形状简单的坯件成型，如圆片、方片等，对模具的质量要求高。

（3）陶瓷制品表面装饰技术

陶瓷制品表面装饰的目的是美化制品的外观，有些制品通过表面装饰达到调整其表面色彩、光洁度、亮度等；有些制品通过表面装饰改善其表面性质，如硬度、憎水、绝缘或导电等。

陶瓷制品的表面加工主要是使其表面平滑、光亮、美观、表面粗糙化和加工成某一需要的外观造型。

1）机械加工

陶瓷的机械加工主要是研磨和抛光，有的陶瓷（如六方氮化硼陶瓷）还可以进行车、铣、刨等加工。陶瓷的冷加工可分为一般加工（丝级精度）、精密加工（微米级精度）和超精密加工（亚微米至毫微米级精度）。除机械加工外，还可进行非机械加工（如电火花加工、离子束加工等）。

2）表面层改性处理

表面层改性处理主要是急冷（淬火）和缓冷（退火）处理。急冷是陶瓷体经高温保温烧结后，将坯体从高温急速降温的热处理工艺。这种处理工艺主要达到：第一，保留高温组成，避免缓冷过程发生分凝、析晶和相变，满足制品某些性能的要求。第二，产生表面压应力，提高制品的抗拉强度。缓冷是坯体经高温烧结后，在炉中缓慢冷却，或在某温度下长时间保温。缓冷的作用：首先促使坯体在冷却过程中晶体长大、分凝和相变，使制品的某些性能满足要求。其次消除坯体表面和内部应力，使相平衡过程进行充分。

3）表面金属化处理

陶瓷材料的表面金属化处理主要作用是：形成金属导电层，如制作瓷介电容器电极；形成金属引出端，如集成电路管壳的引出线；用于陶瓷焊接与密封，如装置瓷的焊接和密封；形成陶瓷制品的表面金属装饰。陶瓷表面金属化处理的方法有烧渗法、化学镀法和真空蒸发等金属膜形成法。常用金属化处理用金属有 Au、Ag、Pt、Mo、Mn、Ni、Cu、A1 等。陶瓷制品在表面金属化处理前需进行表面清洁处理，有的需要粗糙处理。

4）陶瓷的表面施釉处理

陶瓷的表面施釉处理是在陶瓷的表面烧结一层连续玻璃态物质的工艺方法。通常釉层很薄，大约为零点几毫米，虽然很薄，但对瓷件的表面性能、电性能、机械性能及化学稳定性等有很大的影响。施釉后瓷件表面清洁美观、不吸水、不易被玷污，并起到装饰和保护瓷件的作用。

施釉前的坯件应进行清洁处理。釉料的热膨胀系数、弹性、抗张强度等应与瓷体相适应，以实现釉层与瓷体的牢固结合，不产生开裂和釉层剥落等缺陷。施釉前的坯体应干燥至含水量为 1% ~ 3%。施釉操作应保证釉层均匀形成在瓷体上且具有玻璃光泽的光滑表面。釉层还应满足使用条件要求的化学稳定性、热稳定性、电学性能、无有害物质溶出等要求。

施釉的方法较多，生产中常用的有浸、喷、滚、浇、涂刷等方法。根据制品的性能和要求采用适当的施釉工艺。

根据坯体和釉料选择适当的烧釉制度是非常重要的。这样可以保证釉料在烧成时发生一系列固相反应、脱水、分解等物理化学变化能按要求进行，以形成符合要求的牢固釉层。根据瓷件表面装饰的需要可选用不同颜色的釉料，还可以饰以不同美术图案的彩饰（图 3–86）。

3.3 产品创意形态的构造限定

构造包括结构和机构。结构是构成进而决定产品形态的一个重要因素，即使是最简单的产品，也有一定的结构形式。机构是为了实现某种产品功能的重要条件。通过一定的机构作用，某些产品的功能效用才能获得充分的发挥和利用。无论是一辆汽车还是一辆自行车，离开了他们的传动机构也就意味着失去了作为“交通”工具这一主要功能的目的。

图 3–86 这一系列的陶瓷珊瑚作品是设计师 Katherine Morley 的作品，她设计这系列作品不光是为了艺术而设计，而是为了保护日益稀少的珊瑚，因为现在人们会在家饲养一些水生生物，为了美观，很多人都会把珊瑚放在其中，但是，在这样的环境下，珊瑚很快就死亡了，所以，Katherine Morley 设计了这系列陶瓷珊瑚，既美观又保护了环境

3.3.1 产品的结构

1. 形态与结构

所谓结构是用来支撑物体和承受物体重

量的一种构成形式，是构成产品形态的一个重要要素。即使是最简单的产品，也有它一定的结构形式。一个供工作或学习用的台灯，就包含了非常复杂的构造内容。如台灯如何平稳的放在桌上，灯座与灯架如何进行连接，灯罩怎样固定，如何更换灯泡，如何连接电源、开关等。人们对于这些灯的部件进行的连接、组合，就构成了一个产品最基本的结构形式。从中我们也可以领略到产品功能必定要借助于某种结构形式才能得到实现。因此也可以这么说，不同的产品功能或产品功能的延伸必然导致不同结构形式的产生。而结构的变化，也会对形态产生影响。形态设计中的材料要素，同结构紧密相连。不同的材料特性，使人们在长期的社会实践中学会了用不同的方法去加工、去连接和组合材料。与此同时，人们对材料特性的逐步认识和不断加以应用的基础上也发展出不少新的结构形式。

在工业设计中，产品的形态与结构是紧密相关的。很多产品通过复杂的内部结构，来实现其功能目标。各种结构担负着不同的功能，通过不同功能的配合，形成完整的功能链，即我们产品所实现的最终功能。如图 3—87，展示了汽车内部的复杂结构。因此，作为通向工业设计的基础设计训练，研究形态与结构之间的相互关系是十分重要的，并要通过认真深入地观察自然，分析和研究普遍存在于自然界中的优秀实例，努力探索设计中新结构形式的可能性。

2. 结构的强度

任何一个形态或产品的设计，都要求其结构具有一定的强度。只有具有一定的强度，才能承受形态本身或外力的重量，使其具有很好的稳定性。结构的强度受到很多因素的影响。

图 3—87　汽车内部的复杂结构

图 3-87　汽车内部的复杂结构（续）

结构所用材料对强度的影响。在上一章，我们曾考察了各类材料的特性，对于不同的材料，其所能承受外力的能力即强度是差别很大的。对于同样的结构，由于选用不同强度材料，导致其结构强度也发生变化。

几何造型对结构强度的影响。不同的几何造型所产生的结构强度有很大不同。例如，用木条做成一个四方的木框，这样的几何形稳定性较差，受到外力压迫时很容易发生变形。而如果在木框的对角线上在安装两条木条，即形成两个三角形，木框的强度会得到明显加强。可见，其他条件相同的情况下，三角形的几何形状比方形具有更好的结构强度。如图 3-88 所示。

结构的受力情况以及外界的环境因素对强度的影响。结构强度与受力方向有很大关系。同样的结构会由于受力方向不同，而表现出不同的强度以及稳定性。生活中我们有这样的体会，如果垂直方向坐在椅子中心位置，椅子受力是垂直向下，具有很好的稳定性。而如果坐的位置在边缘，使力的方向倾斜，那么椅子就很可能会滑动，而失去

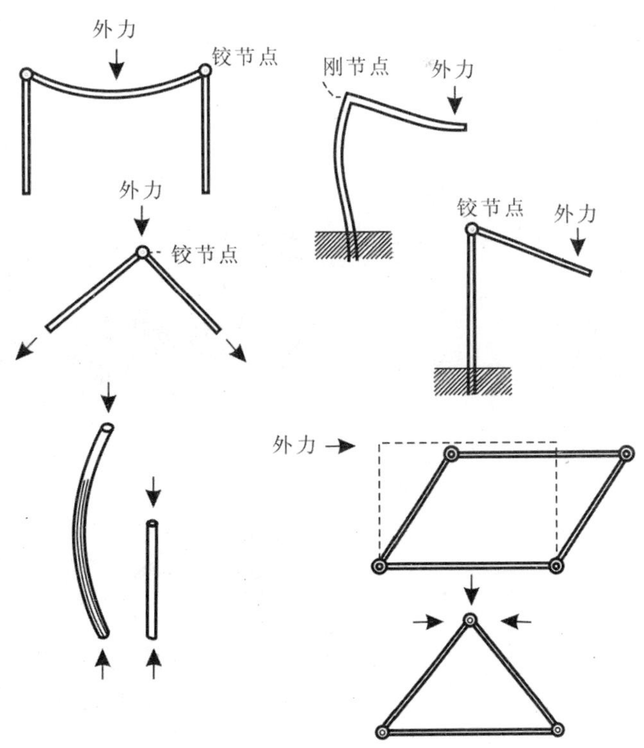

图 3-88　不同结合方法受外力变形形式

其稳定性。由此可见，压力的方向可以增强或减弱结构的强度和稳定性。很多产品的设计，就是利用了这一原理来设计其结构，获得良好的结构强度。

3.3.2 产品的机构

1. 常用机构

机构是用运动副（使两构件直接接触并能产生一运动的联接，称为运动副）连接起来的构件系统，其中有一个构件为机架，是用来传递运动和力的。机构还可以用来改变运动形式。机构各构件之间必须有确定的相对运动。然而，构件任意拼凑起来是不一定具有确定运动的。如果各构件之间无相对运动，它就不是机构。同时，当只给定某一构件运动规律时，其余构件的运动并不确定，那么，也不能称之为机构。若组成机构的所有构件都在同一平面或相互平行的平面内运动，则称该机构为平面机构。否则称为空间机构。实际机构一般由外形和结构都较复杂的构件组成。为了便于分析和研究机构，常用机构运动简图来表示。下面介绍三种常见的机构类型。

（1）平面连杆机构

这是由一些刚性构件以相对运动连接而成的机构，由于机构中的构件多呈杆状，因此常称这种机构为连杆机构。平面连杆机构中最为常用的是由 4 根杆组成的平面四杆机构，亦是最基本的平面连杆机构（图 3–89）。

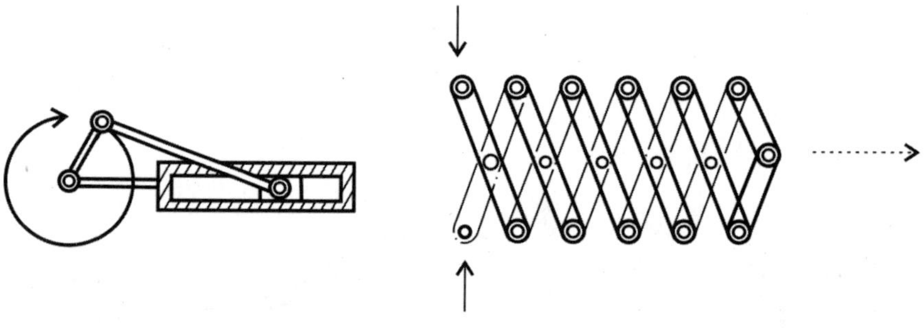

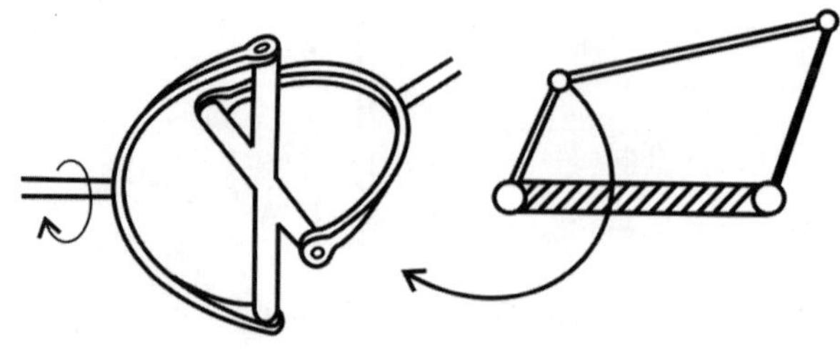

图 3–89　连杆机构

平面连杆机构的主要优点有：由于组成运动副的两构件之间为面接触，因而承受的压强小、便于润滑、磨损较轻，可以承受较大的载荷；构件形状简单，加工方便，工作可靠；在主动件等速连续运动的条件下，当各构件的相对长度不同时，从动件实现多种形式的运动，满足多种运动规律的要求。

主要缺点有：低副中存在间隙会引起运动误差，设计计算比较复杂，不易实现精确的复杂运动规律；连杆机构运动时产生的惯性力也不适用于高速的场合。

（2）凸轮机构

凸轮机构的作用是将凸轮的转动变为从动杆的位置移动或摆动，凸轮机构一般由凸轮、从动杆和机架三部分组成。常用凸轮作匀速转动，从动杆则作移动或摆动，这种机构的特点是：只要凸轮具有适当的轮廓曲线，就可使从动杆实现复杂的运动规律。

凸轮机构种类繁多，按凸轮的形状可分为盘形凸轮，圆形凸轮，移动凸轮；按从动杆运动方式可分为移动从动杆，摆动从动杆；按从动杆端部结构可分为尖顶从动杆、滚子从动杆和平底从动杆（图3—90）。

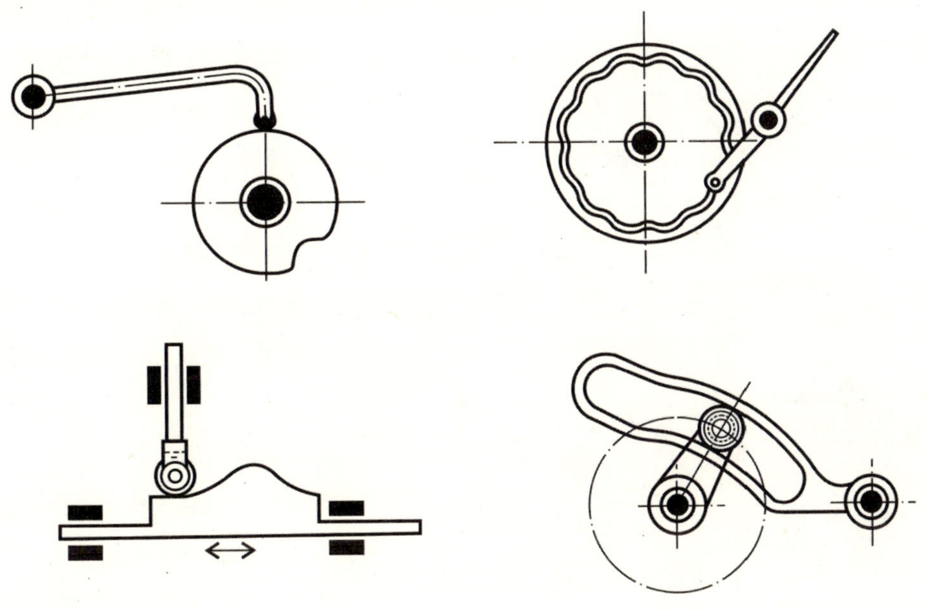

图3—90　凸轮机构

（3）间歇机构

在机构的工作中，有许多机构需要某些机构在主动件连续运动时，从动件产生周期性的时动时停的间歇运动，实现这种间歇运动的机构称为间歇运动机构，应用最广的有两种，即棘轮机构和槽轮机构（图3—91、图3—92）。

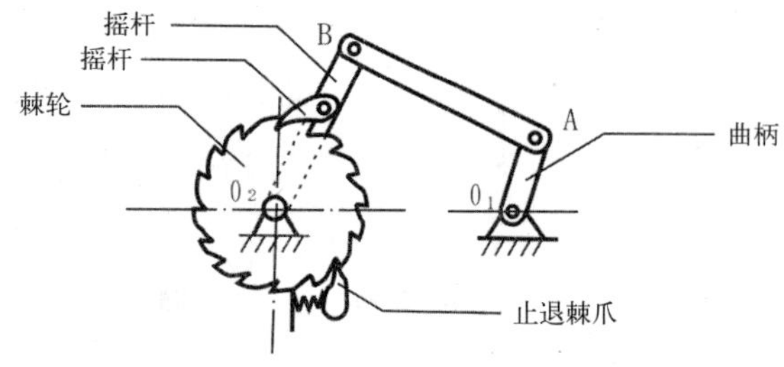

图 3–91　棘轮机构

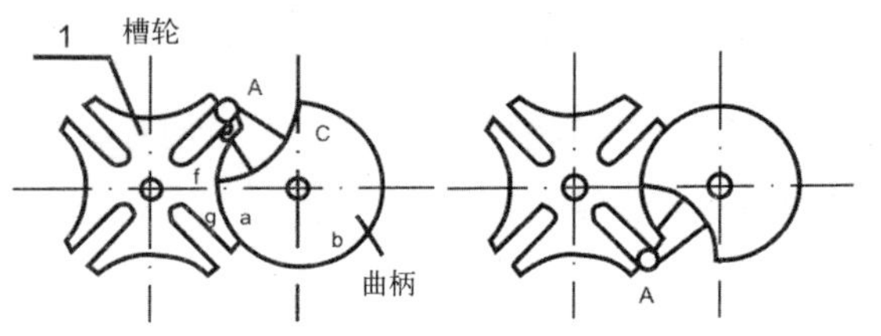

单圆销外啮合槽轮机构
(a) 圆销进入径向槽　(b) 圆销脱出径向槽

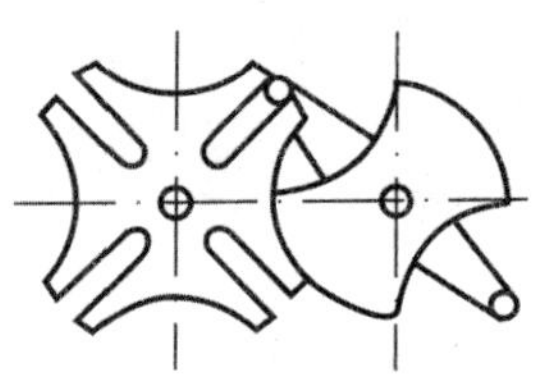
双圆销外啮合槽轮机构
图 3–92　槽轮机构

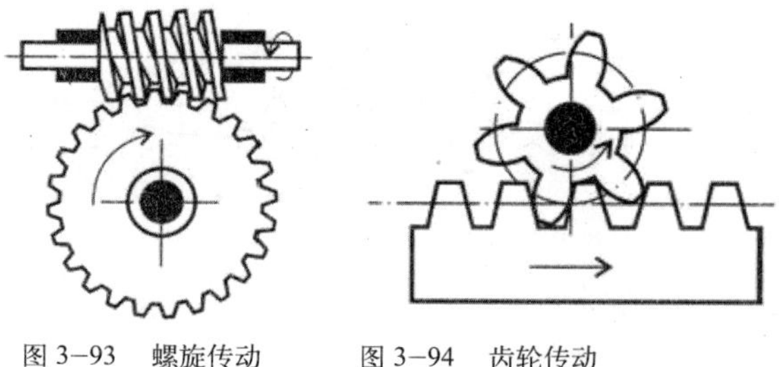
图 3–93　螺旋传动　图 3–94　齿轮传动

2. 机构的传动方式

产品或机械内部构件间的相对运动，是依靠各种传动机构实现的。常见的传动方式有以下三种：螺旋传动、齿轮传动、带或链传动。

(1) 螺旋传动

螺旋传动主要用来把回转运动变为直线运动，根据使用要求不同，这种传动方式可分为三类：①传力螺旋　以传递动力为主，要求用较小的力矩转动螺杆或螺母，而螺母或螺杆产生轴向运动和较大的轴向力，以便承担起重或加压的工作。如千斤顶和压力机。②传导螺旋　传导螺旋以传导运动为主，并要求有较高的运动精度，如车床和铣床的长丝杠，中、小拖板丝杠等。③调整螺旋　调整螺旋用来调整零件或部件之间的相对位置，如插齿机中的丝杠。螺旋传动的特点：具有传动平稳、增力显著、容易自锁、结构紧凑、噪声低等特点，也存在效率较低，螺纹牙间摩擦、磨损较大等缺点。如图 3–93 所示。

(2) 齿轮传动

齿轮传动是将一根轴的旋转运动传递到与它相近的另一根轴上去，并得到正确的传动比。其具有以下特点：能保证恒定的瞬时传动比，工作平稳性好；传动比范围大，适于增速或减速运动；圆周速度及功率的调节范围较大，结构紧凑，传动效果好，寿命长。但要求精度较高，因此成本也较高（图 3–94）。

齿轮传动的主要优点是瞬时传动比恒定不变，机械效率高，寿命长，工作可靠性高，结构紧凑，适用的圆周速度和功率范围较广等。

齿轮传动的主要缺点是要求较高的制造和安装精度，成本较高，不适宜远距离两轴之间的传动，低精度齿轮在传动时会产生噪声和振动等。

（3）带或链传动

带传动由主动轮、从动轮和紧套在带轮上的传动带组成，在传动带和带轮的接触面有正压力存在；主动轮旋转时，就会在这个接触面上产生摩擦力，使传动带运动。带传动一般有以下特点：

（1）带有良好的饶性，能吸收震动，缓和冲击，传动平稳噪声小。

（2）当带传动过载时，带在带轮上打滑，防止其他机件损坏，起到过载保护作用。

（3）结构简单，制造，安装和维护方便。

（4）带与带轮之间存在一定的弹性滑动，故不能保证恒定的传动比，传动精度和传动效率较低。

（5）由于带工作时需要张紧，带对带轮轴有很大的压轴力。

（6）带传动装置外廓尺寸大，结构不够紧凑。

（7）带的寿命较短，需经常更换。

由于带传动存在上述特点，故通常用与中心距较大的两轴之间的传动传递功率一般不超过50kW。

链传动主要由主动链轮、从动链轮和链条组成。工作时靠链轮轮齿与链条的咬合而传递动力。它适用于两轴平行的传动。链传动可在多油、高温等环境下工作，但是链传动工作时噪声大，过载时无保护作用，安装精确度要求高。主要优点：与摩擦型带传动相比，链传动无弹性滑动和打滑现象，因而能保持准确的传动比（平均传动比），传动效率较高（润滑良好的链传动的效率约为97%～98%）；又因链条不需要像带那样张得很紧，所以作用在轴上的压轴力较小；在同样条件下，链传动的结构较为紧凑；同时链传动能在温度较高、有水或油等恶劣的环境下工作。与齿轮传动相比，链传动易于安装，成本低廉；在远距离传动时，结构更显轻便。主要缺点：运转时不能保持恒定的传动比，传动的平稳性差；工作时冲击和噪声较大；磨损后易发生跳齿；只能用于平行轴间的传动。带传动和链传动（图3—95、图3—96）。

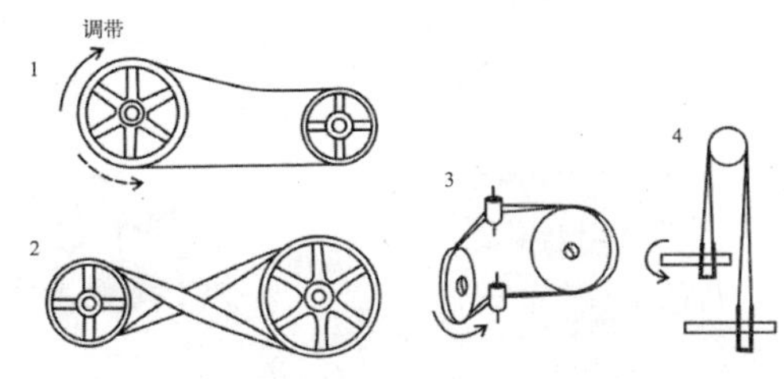

图3—95　带传动

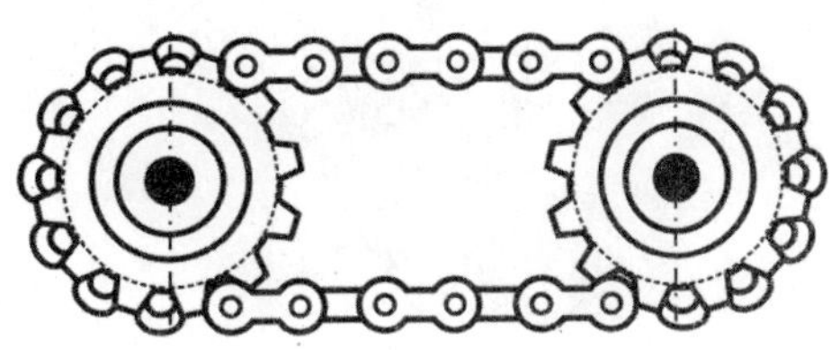

图3—96　链传动

图 3–97　相机与其内部结构

3.3.3　结构与机构的关系

结构是支撑形态和承受形态重量的构成形式。任何一个立体形态都具有一定的结构。而结构中传递运动和转变运动的部分就是机构，并不是每个产品都需要有传动机构。从这个意义上说，机构是结构的一个组成部分。同时，机构也能影响结构，因为要保证机构的良好运作，往往需要设计出良好的结构来为机构提供足够的空间和恰当的位置。另外，机构的正常运行也需要稳定的结构提供保护和支撑。良好的机构也能使结构的其他组成部分和谐运作，从而形成一个结构合理、性能优良的产品。

如图 3–97 佳能相机的内部结构和机构示意图，我们可以看到，由于产品的内部往往非常复杂，要实现结构和机构的良好配合，就需要对各个部分进行系统研究与设计，只有内部搭配合理，产品的形态设计才能有更加广阔的想像空间。

3.4　形态创意的面壁与破壁

周恩来在面对旧中国社会的黑暗时，曾写下了“面壁十年图破壁”的诗句，我们在面对产品设计的问题时，也是如此。之前，我们学习了很多有关于形态创意的原则与方法，都是建立在前人经验总结的基础之上。对于学生，最重要的是如何把这些书面的理论知识运用到我们实际的设计课题中去，找到属于自己与众不同的形态创意思路。以下是对目前较为常见的形态创意趋势所作的一些归纳。

3.4.1　基于情景故事进行创意

在我们设计产品的时候，很多时候设计者总是凭借着自己的主观臆想，而自身却往往不是此类产品的目标定位人群或使用者中的一员，仅仅凭借自身积累的经验和他人的叙述，从美观第一的角度去从事产品的规划与设计。设计者并不是普通用户，我们对自己作品的熟悉程度导致了难以相信别人在使用过程中会遇到的困难，这种现象不仅出现在初学设计者的身上，同时也会出现在设计大师的创意产品中，这也是导致了所谓的设计缺陷的出现。例如，著名设计家菲利普·斯塔克所设计的形似外星生物的金属榨汁机。

在设计的过程中，只有通过和实际用户的交流，并对产品加以测试与试用，才能预知产品可能存在的弊端，而这种基于情景的创意手段又能反过来促进形态的创新。产品设计的目的除了提供消费者使用便利与舒适之外，还强调产品个性化的需求、产品定位以及消费者的认知。现代产品设计不只是满足消费者需求的功能，还需要考虑消费者使用时的情境。产品使用情境是在进行设计时，设计师根据产品的内涵去设计营造，是产品在操作使用下所衍生出的移情作用，刺激使用者的想象力，使其尽情地陶醉在某种情境当中。因此，在设计上使用所谓的剧本式的设计方法，或使用情境描述的方式，只是在设计之初，想象产品未来使用情境，以满足消费者的感情需求。

情境故事法是营造产品使用情境的设计方法之一，其主要目的是将使用者的特性、事件、产品与环境之间的关系，透过想象来描述未来使用情境，诉说一个故事，营造一种情境。传统系统化的设计模式，多是以设计者的角度出发，经由探讨物与物之间的关系，进行功能性的设计，忽略了设计者与使用者间对产品的不同认知所带来的差异。情境故事法则是在产品开发过程中，透过一个想象的故事，来模拟未来产品的使用情景，并透过模拟，探讨、分析人与产品之间的互动关系。以视觉化及实际体验的模式来引导设计研发人员，从使用者的角度，来评断产品构想是否符合设计主题，同时还可以检验产品的研发思路是否符合使用者潜在的需求，是否是以使用者为中心的设计。

例如 Nagoya Design do 的大奖获得者，Agata Kulik 设计的“LIFE ALARM”，如图 3–98 所示。这个设计通过故事情景的方式描述了当今大多数人们心里有一道冷漠的栅栏，在街上遇见晕倒的人，常常认为仅仅是醉鬼或者流浪汉而不去理睬，常常使真正有需要的人们错失了最佳的抢救时间。“LIFE ALARM”就是一个基于这种情境下给那些因疾病（比如冠心病，高血压等或其他）可能随时出现昏厥等危险状况的人佩戴的一个安全腕带，通过闪烁的红光和警报声能够使其得到来自周围人的帮助。

从营造情境中去寻找创意，已经是设计师创新产品的新方法。许多的设计公司如 IDEO、IBM、FITCH、PHILIP、ACER 等，把情境故事法纳入产品创新设计程序中，借以激发产品的创意。IDEO 设计公司总经理汤姆·凯利，在其所撰写的《The Art of Innovation》一书中所描述的：“为了找出问题所在，IDEO 不是访问‘专家’，而是追本溯源，实际观察产品的使用者，或发展中产品的潜在使用者，或透过细微的观察，这才是创新和改良产品重要的第一步”（图 3–99）。

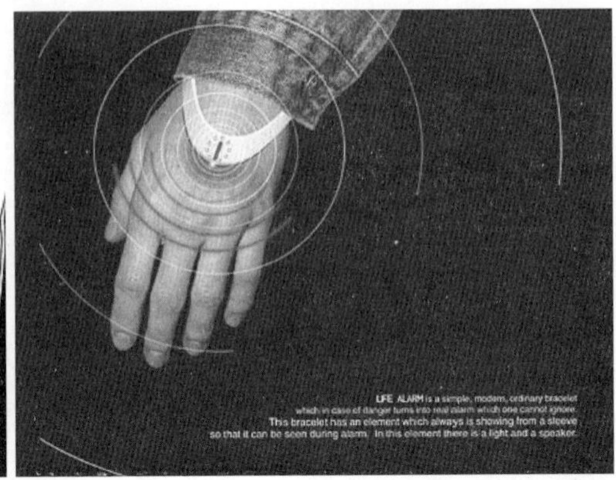

图 3–98 “LIFE ALARM”

图 3–99 沙漠中的集雨器。设计师受到沙漠中的甲壳虫的启发，设计了这个碗状露水收集器，目的是为了解决非洲欠发达地区的饮水问题。光滑的金属顶面和带有波浪纹的侧面能够更加轻易地“捕获”空气的小水滴，增大接触面积，以获得更多的露水。在曲面和储水罐之间的“Y”字形的槽，可以过滤空气中的沙尘，保证水质的清澈。此外，这款集水器倒过来还可以当作脸盆使用

3.4.2 基于新的材料与结构进行创意

对于很多产品的形态，在应用了新材料后往往发生一定变化，有些甚至是发生根本性的变化，其原因就是新材料的属性解放了原有材料在造型方面的限制。新材料、新工艺的发现和运用，为产品形态的新颖多样提供了物质基础。科技的发展令许多人造材质大放异彩，将来，材质会使设计领域呈现更多的惊喜。

材料是灵感的来源，在产品设计的概念开发阶段可以擦出创意的火花。新材料（图 3–100、图 3–101）的展示就是要激发设计师对材料的自问及追求，尤其是他们以前没有想到过的材料，如何能够帮助他们，并让其设计变得更轻巧、更加光彩、更圆滑、更结实、更耐刮擦、更健康、更耐久、对环境更有利或者减少对可持续生产本身的依赖。在一个颇有灵感和聪明的设计师手中，材料可以让一个产品更加富有美感、吸引力和风格的创新。因此，材料成了驱动产品形态设计创新的一项要素。

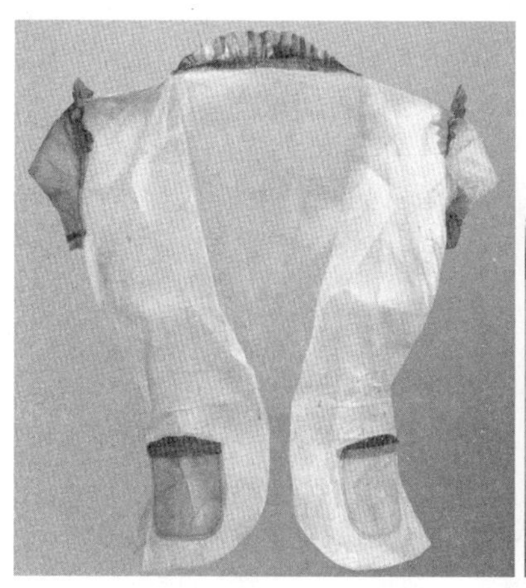
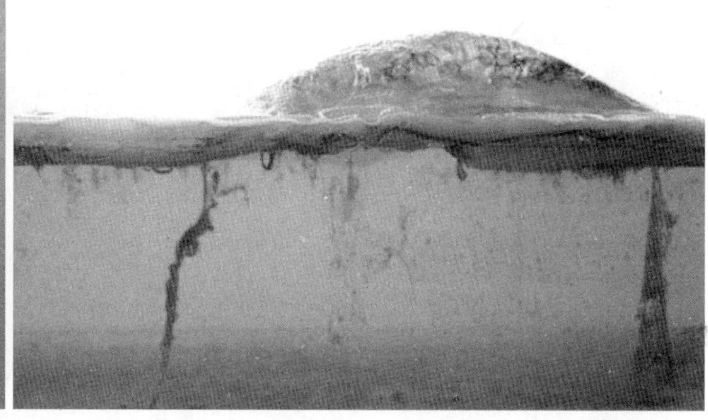

图 3–100　伦敦中央圣马丁学院的设计师们研制出一项独特的技术。通过这项技术，设计师们可以在绿茶培养液中，借助细菌的发酵作用，培养出一种晒干之后材质类似纸张或蔬菜叶子模样的制衣原料，这种原料可以用来取代布料制成我们日常所需的衣物。这种织物方式相比起现今常用的技术来说，要环保得多

图 3–101　可食用的琼脂果汁杯。利用具有排毒作用的健康琼脂，配合可食用的染料食材制成了透亮的果汁杯

在产品设计活动中，结构不仅是得以实现产品功能的物质承担者，还丰富着产品的形态，是功能与审美的基础与结合点之一。产品的结构是设计中时刻加以重视的问题。现实中，很多人工形态在设计制造的程序中都是先设计出外观形态，然后再来考虑其内部结构。例如著名的悉尼歌剧院的设计，约翰 · 伍重在设计初始时期就没有很严谨地考虑其内部结构，最后导致在建筑结构设计与施工过程中遇到了极大的困难，使歌剧院的工期长达 18 年之久。产品形态与结构的脱节，会造成功能与造型的脱节，甚至导致最终造型的失败。产品中各个材料形成的部件通过相互连接，产生某种作用方式形成结构，产品的功能只能在合理的结构中发挥出效能。

结构的形式多样、种类繁多，认识掌握其科学合理的构成原因，因地制宜的加以运用，可以形成各种成功巧妙的产品。与此同时，新结构形式的出现也为产品形态的创意带来了更多的可能性。如图 3–102 所示，由设计团体 AGENT 设计的“CTRUS”足球，其由内部结构（skelle

图 3–102　中由设计团体 AGENT 设计的“CTRUS”足球

核心）和外网的嵌入式外壳，工作原理主要是基于弹性钢筋材料的机械性能来模拟了普通充气的气动足球反弹性能，根据结构位置的不同使这款足球的设计拥有可调节的硬度。CTRUS 不需要充气，此外其新增的功能在核心的电子元件控制下，可以与球场的控制站进行无线通信，记录踢力和行驶速度，在越位和出界等情况下，内部的光处理器会产生颜色变化。

结构的发展是科学进步的结果，新的结构往往导致产品功能、形态产生革命性的变化。例如，在现代建筑史中钢筋混凝土结构的出现，就导致了现代框架、幕墙建筑形式的出现，改变了早期单一的房屋建筑形式。对设计师而言，结构的创新在产品的形态设计中是关乎产品最终表现的重要一环。一个具有独特结构的崭新产品会给消费者带来强烈的视觉冲击力，能在一定程度上激起人们的购买欲望或使用欲望，在整个产品的营销战略中可以起到事半功倍的作用。

结构变化主要是组成产品的主要形体单元通过相互排列和组合产生的多种设计形态，通常可以从以下几个方面考虑结构的变化，带来新结构的创意（图 3–103、图 3–104）。

1）改变运动形式，如变垂直运动为水平运动，变直线运动为曲线运动。从手机设计的形态演化中的直板、翻盖、滑动、旋转等形式，就说明了结构变化对产品形态的流行变化。

2）改变单元位置，如更改组成产品的主要部件单元的顺序位置，形成正反、里外、上下的颠倒。

3）增加或减少单元的数量。

4）采用其他产品的某些部件。

5）增大或减小机构部件。

6）改变机构载荷方向。

总而言之，产品的功能决定了产品的结构，而结构又决定了产品实现所需要的材料及形态。

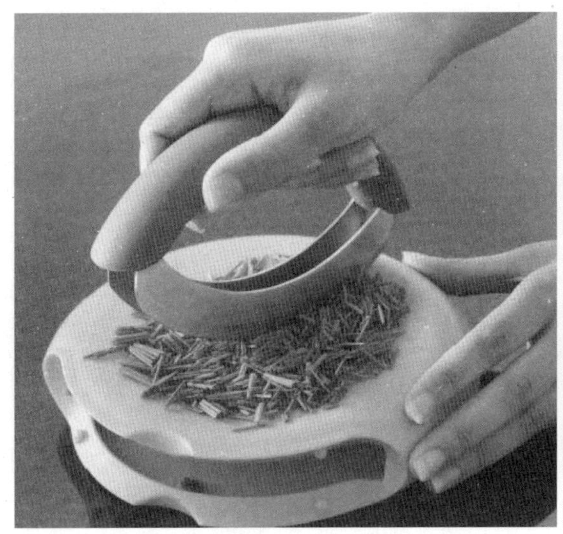
图 3−103　厨具设计

图 3−104　座椅设计

随着现代科技和加工技术水平的不断提高，产品结构对于形态所带来的限定也不断被人们采用新技术、新工艺、新材料所解决，为设计师创意的实现提供了更广阔的空间。

3.4.3　获取创意形态的来源

1. 从社会文化中获取创意来源

就世界范围而言，现存的文化类型例如东方文化、欧洲文化、阿拉伯文化等，都是在历史的滚滚车轮中受到各种文化交流、融合的产物。造型设计本身就是一个开放的系统，在其发展史中也汲取了各种文化的优秀之处，在新时期新技术体系与意识观念的冲击下，得到了不断的更新与拓展，而其中蕴含的文化与精神则是民族历史长期积淀的结果。我国传统文化中有容乃大、天人合一、兼收并蓄、和而不同等精神具有强大的生命力，并且潜移默化地影响着我国传统造型艺术的发展。新一代的设计者肩负着将中国的传统文化与造型艺术在现代设计中发展延续的重要责任，更应该在深刻理解的基础上结合时代特色塑造新的民族表现形式，将传统文化取其形、延其意、传其神。

从文化中得到创意的产品设计，可以透过文化丰富的故事性，经由共同记忆的互动过程，强调的是产品与使用者间沟通的重要性。经由符号造型、抽象图案和造型要素等的操作，以符号诠释设计的意义，提供使用者与产品之间良好的信息传达，使用者透过造型符号，了解产品的意义，使用产品时将会更贴心、更安全。此外，引入产品语义学的观念，还可以引导设计师创新灵活的设计，作为设计师及使用者的沟通桥梁，很适合运用在产品设计中，来传递文化产品的功能、情感及内在含义。就产品造型的形式而言，设计师运用造型的要素，形状、色彩、

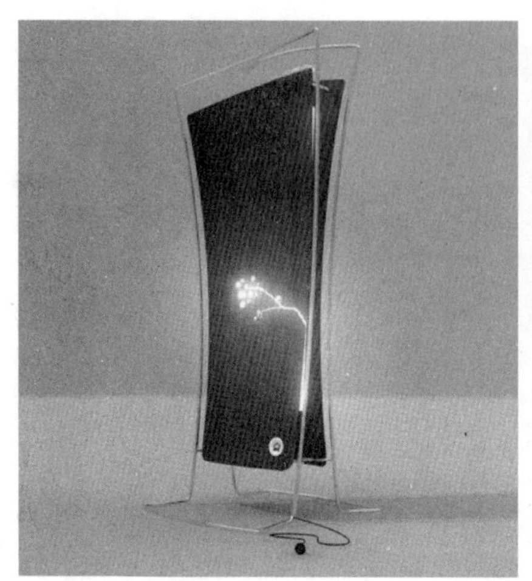

图 3－105 灯具设计

图 3－106 街头时钟设计

质感或材料等，让使用者感受到视觉或触觉应有的愉悦。就产品造型的内容而言，设计师应考虑不同的文化、社会习俗或人的行为因素，将这些因素导入设计理念中，借由心理与感知层面的领悟，正确传达文化符号真正的意义（图 3—105、图 3—106）。

符号是人类文明创造方式与结果的实质与核心，文化是人类的符号思维和符号活动所创造的产品及其意义的综合。符号是文化的基础，是文化的最终表达形式。就设计学领域而言，文化符号不仅是体现特定文化的符号形象，同时也是提高基础设计内涵的应用元素。文化符号在基础设计中的表现往往依托视觉形式向人们传达形态的语义以及社会的文化内涵。例如，中国形式多样的传统文化，四大发明、甲骨文、象形文字、传统节日、京剧、民族乐器等，都可以结合设计手段得到在设计产品上的传承和发展。运用现代科学与设计的方法将这些文化因素找到一个符合现代知识体系的新形式，进而探寻形态使用在精神层面的满足。

设计师在设计一般产品，依循一定的设计模式与程序。同样的，产品的设计也应该有其设计模式与程序。例如，想在座椅设计中注入传统的文化因素，设计者就必须在前期进行传统文化表象与内涵调查，将文化内涵与座椅的造型结合起来共同考量，并结合使用环境对使用行为、风俗习惯、意识形态等文化属性，进行综合分析。通过对其基础形态的设计，将这些信息表达在造型上，从而触发消费者的使用需求以及情感期望。再如，设计一个陶壶，设计师也必须对文化的表象及意涵加以调查，并针对其有形的、物质的、使用行为、仪式习俗、意识形态、无形精神等文化属性，进行资料收集、分析、综合等设计准备工作。运用各种发想方法与设计手法，透过设计贴切地把文化信息表达在产品上，达到消费者深层的期望，触发其使用需求。最后，透过文化认知的诠释，设计师将自己的经验情感投射在产品上，引起消费者的共鸣，从而达到满足消费者情感的需求。

2. 从日常生活中获取创意来源

原研哉在《设计中的设计》一书中曾说过，构成我们生活环境的物品，都是由颜色、形状、材质等基本要素构成的，产品设计就是将人类生活或生存的意义，通过制作的过程予以解释；设计的本质就是要解决社会上多数人所共同面临的问题。创意来源于生活，只要我们在日常生活中做到仔细认真的观察，将一些发生在自己身上或者是发生在自己身边的小事仔细思考，就会发现新的设计灵感。索尼公司的盛田昭夫不满女儿的收音机的声音太大而促发了“随身听”的设计构想；由于“在拍摄中可即时观看影像”的设想，激发了夏普独创了“液晶显示屏手提摄像机”的诞生。

这一点也常常体现在日常用品的设计中。如图3–107所示，日本设计师二俣公一设计的“带猫藤床的茶几”，同样通过对家猫日常习性的观察，将猫藤床与茶几联合设计，拉近人与宠物的距离，使家猫在享有休憩场所的同时又成为这款茶几不可分割的组成部分，一经上市就受到许多爱猫人士的赞赏。

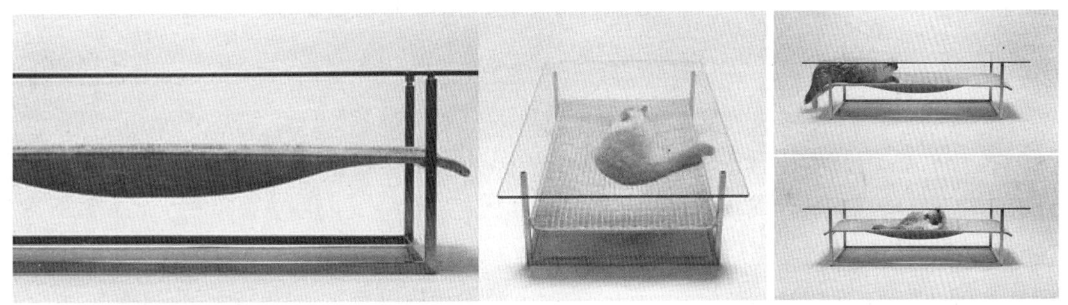

图3–107　带猫藤床的茶几

从日常生活出发，进一步捕捉到新的创意进行设计，并不是一件容易的事，这要求设计师热爱生活并有一双善于细致观察的眼睛。新技术虽然给生活带来了根本性的影响和变化，但其改变的只是环境，而不是创造本身，在新的环境中，设计师的智慧就在于意识到生活中的不足并形成创意将其实现。

3. 从大自然中获取创意来源

自然界中，每一种生物的生理、结构、外形、生长规律，与环境之间的生态关系，都是经过几万年甚至更长时期的演变进化而产生的完美结果。生物体外表和内在的任何一个环节，都有着与自然相匹配的规律以及和谐的构成章法，这些都是值得研究和开发利用的仿生元素。人类从简单“形”的模仿开始，发展到现在的仿生学科，已经从最初的形态模仿发展到从技能、生理、生命科学等方面进行全新的发明和创造活动。德国著名工业设计师科拉尼曾说过：“设计的基础应来自诞生于大自然的生命所呈现的真理之中”，他设计的一些产品形态大都以自然中的生物形态为原型，即使是一些与速度无关的家具、咖啡壶、钢琴之类的产品，也常常借用自然中的一些有机形的曲面变化，使产品形态具有亲切、宜人、充满生机的感觉。

同样的，仿生学也可以为基础设计带来新的创意，自然界的形态复杂而包罗万象，我们探究其构成的法则，总能够发现某些秩序性的规律。具象—抽象—简化，去除繁琐，保留简约和抽象，这是仿生学应用在基础设计中一种造型方法。参照生物的形态、运动等特征，将这些自然形态抽象地概括提炼，进行再现和创造，从而转化为可以在基础设计中使用的元素。当这些元素作用于人时，所产生的心理形态会根据观者自身积累的生活经验，经过联想和想象将原形浮现在脑海中，而产生带着个人主观的不同感受。

将仿生学应用在基础设计中，不仅能使人认识到产品外观形态与生物形态的密切关系，对设计者来说，更重要的是通过对它们之间的形态关联，从而引发出产品的创造灵感。在确定了一定的仿生对象之后，就需要根据产品的功能、用途、目标群体等信息，提取出能传达设计意图、实现预期效果的元素，以进行设计的展开与细化。仿生造型在设计中的运用能够提升产品融入自然系统的可能性，增加产品与自然间的亲和力，从而体现出设计师对自然的尊重与理解，建立起“绿色、生态、系统化”的设计思想。

3.4.4 非物质设计趋势带来的形态创意

非物质（immaterial）的英文原意是 not material，非物质设计的本质实际上就是：发现不合理的生活方式（问题）——改进不合理的生活方式，使人与产品、人与环境更和谐，进而创造新的、更合理、更美好的生活方式。也就是说，设计的结果并不一定意味着某个固定的产品，它也可以是一种为了解决人们生活中的问题的方法、程序、制度或服务。

设计界认为后工业设计这一时期是非物质设计时代的开始，产品设计的方式方法不再拘泥于普通的思维模式。苹果工业设计部主任乔纳森 · 伊维曾说过，“我想让 imac 成为这样一种设计，用户不会害怕它，即使他们并不知道 imac 是如何工作的。我寻求那种没有技术理解也能使人亲近的元素，能与人们过去的记忆产生共鸣的元素。”新时代、高科技的产品设计不应该是冷漠和令人生畏的，它更应该是亲切的、易操作的、对人性充满关爱的。在体验经济时代，产品的形态设计越来越追求“一种能引起诗意反应”。人们开始重新审视自己的产品和设计，并思索什么才是设计的本源。

如图 3—108 所示的沙发设计，设计二人品牌 Malafor 将工业生产中廉价耐用的纸质充气袋，添上一些附件，使用了类似救生衣的自动充气技术，一拉开关就自动充气，“简单地给它充满气”就可以当作一个沙发来使用。

如图 3—109 所示，由 Michael Johansson 所设计的 1 ∶ 1 自行车模型包，设计师将自行车的部件通过塑料的胶粘件转化为较为平面的玩具模型结构，用户在使用时需要按照说明手册中的

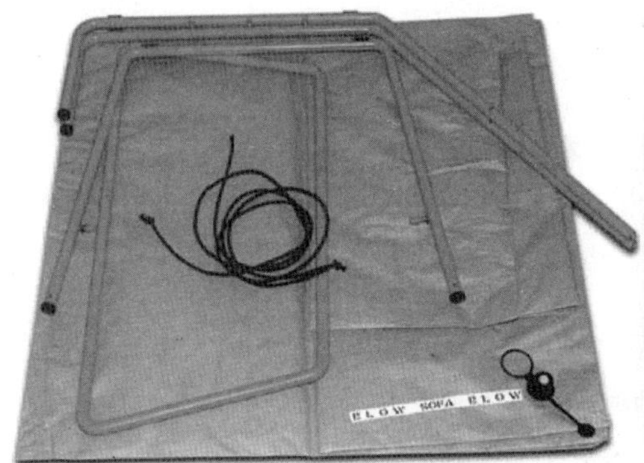

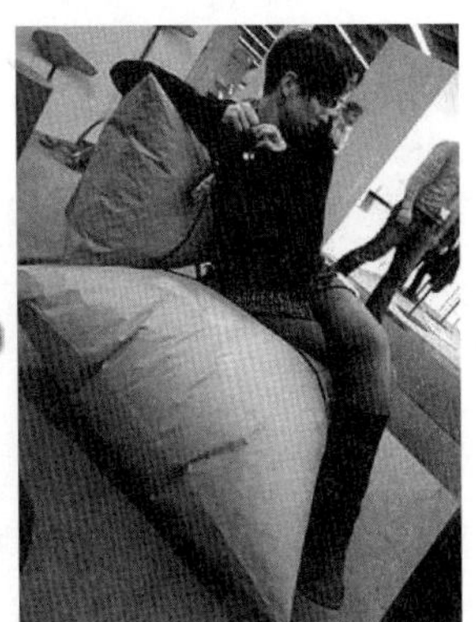

图 3–108　沙发设计

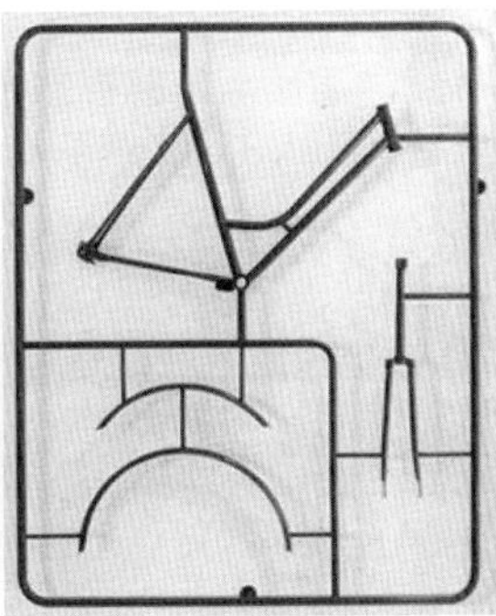

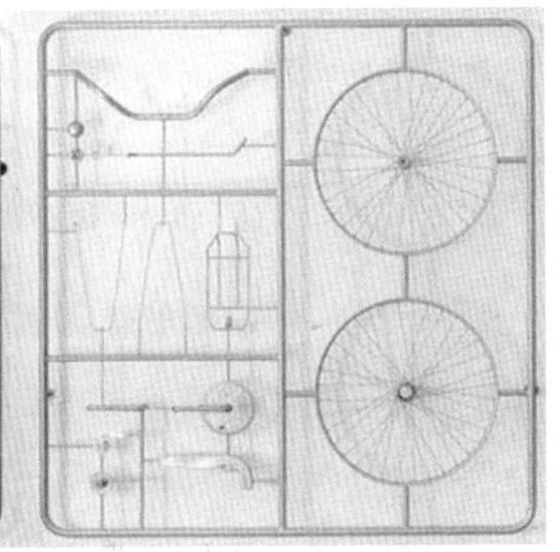

图 3–109　Michael Johansson 所设计的 1 ：1 自行车

正确顺序进行组装才能得到一辆真正可以行使的自行车，这种结构形式极为有效地提高了在运输和存储时的效率，同时也通过消费者的动手参与拉近了产品与用户的距离。

正如设计师卡里姆所说："你待在计算机屏幕前的时间越长，你咖啡杯的外观就显得越重要。"在当今如何运用非物质原则进行产品形态创意，从而拉近人与机器之间的距离，为其更多地加入人的情感而设计，为了人性真正需要的设计而设计。

第 4 章 ｜ 基础设计初步——形态创意实践

本章主要是从形态创意实践的角度，对抽象形态创意与设计的应用进行详细的案例分析。在前面的章节中，我们讨论了基础形态以及产品的形态与功能、材料、构造等的关系，在这一章中，我们将进一步探讨抽象的基础形态向现实的产品形态的转变。同时，我们通过一些综合性的实例和设计现象来进一步探讨和理解这种关系，将一个产品形态限定分析与创意过程直观地展现给大家，从而使大家能够更加明确地了解形态创意实践的整个流程。

4.1 形式表达——抽象形态的形式与内容

4.1.1 从抽象形态到实用功能的发展

由抽象的基础形态发展到现实的产品，这是本书的主旨，在前面的章节中，我们始终是围绕这一点来阐述的，基础设计课程的桥梁作用，也正是体现在这里。

这种从抽象的形态发展出能够作为日常生活、工作的实用品的探讨，主要训练形态和功能的结合能力，它需要我们发挥想象力，同时必须具备利用材料、结构、工艺等知识来解决实际问题的能力，后者正是实现这种转化的关键性因素。

按照正常的产品设计程序，一般是目的在先，形态在后，而我们则是先确定某个形态，再来寻求能够满足这个形态的产品。这种创造的过程与实际的产品形态设计，刚好是一个互逆的过程，前者是对一个形态，做功能感的创造，后者是针对一个功能，进行形态的创造，两者各有限制，各有发挥的空间，两者的碰撞和统一，容易形成一个优秀的设计。这也正是这个训练的目的，同时也是整个基础设计课程的共同特点。

下面我们利用三块平板相接的基本形，创造符合实际功能的形态。这个基本形虽然单纯，然而根据材料、结构等的不同，同时利用组合方式的稍加变化，就会产生出许多完全不同的实用形式。当然这种方式产生的实用形态在诸如人机工程、加工生产等方面会存在一定的问题，但一般通过稍加修改就可以解决（图 4–1 ～图 4–4）。

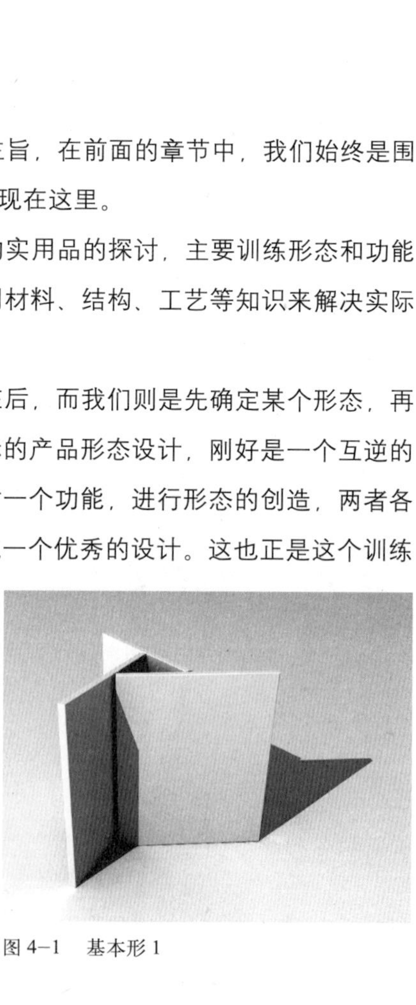

图 4–1　基本形 1

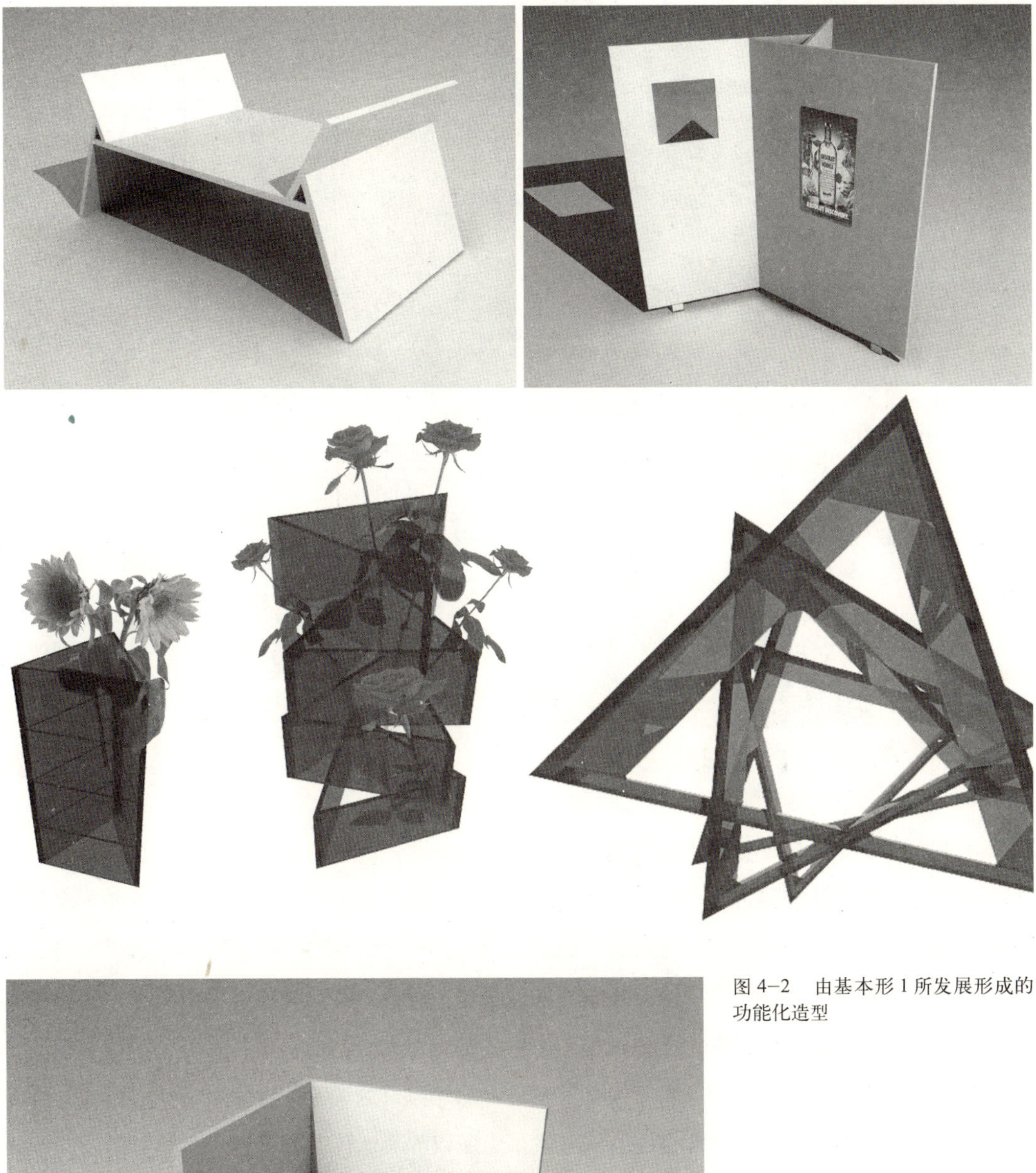

图 4–2　由基本形 1 所发展形成的功能化造型

图 4–3　基本形 2

图 4—4　由基本形 2 所发展形成的功能化造型

4.1.2　抽象形态与实用功能的结合

在这一节中，我们要进行一个综合性的训练——"倚"的设计。首先，给定一个直径和高都是 50cm 的圆柱体，作为我们的座面，相当于一个凳子，然后要求设计一个"靠背"，与该圆柱体相连，尽量考虑形态的多样性，并综合考虑功能、构造、材料和连接等要求，同时圆柱体的形态不能改变，但可以允许进行适当的导角等细节性的形态变化。

这个练习实际上是"靠背"和"连接"两个"功能面"的设计，也就是设计与人的背部发生关系的形式和该形式与底部圆柱连接的方式。之所以称为"倚"的设计，而没有叫"椅"的设计，一是"倚"可以弱化该设计的"产品化"要求，也就是说这个练习并不是要求设计一个真正的椅子，同时"倚"能够避免椅子的既有形象对人形成的思维定式，使人的创新能力得到更好的发挥，突破造型的种种限制，创造出更加丰富和"奇"特的形态。二是强调该设计与人的功能要求之间的关系，也就是所设计的靠背部分必须要考虑到能够满足人的倚靠的功能需要，真正体现设计以人为本。三是在构思的时候，"椅"容易引起对木质材料的联想，而"倚"则没有这个限定，这使得我们在材料的选择上更容易拓展思维，有了更多的发挥空间。

椅子设计是工业设计中一个非常综合和典型的课题，也具有一定的复杂性。对于座面的圆柱体的限定，有助于我们缩小思考的范围，从而使该设计问题单纯化。这个限定一方面降低了设计的难度和综合性，另一方面则要求我们对所要设计的部分给予更多的思考和探索，这有助于培养我们深入分析、发现问题、解决问题的能力。同时由于对给定的圆柱进行了尺寸的限定，所以在设计中，附加的形态也就有了尺寸方面的要求。允许在设计中对圆柱体进行适当的导角等细节处理，主要考虑到既有圆柱体与所设计的形态之间的统一性，由于纯粹的几何体的形态比较生硬和单调，会限制附加形态的创造，使一些形态的配合产生不协调感（图 4–5、图 4–6）。

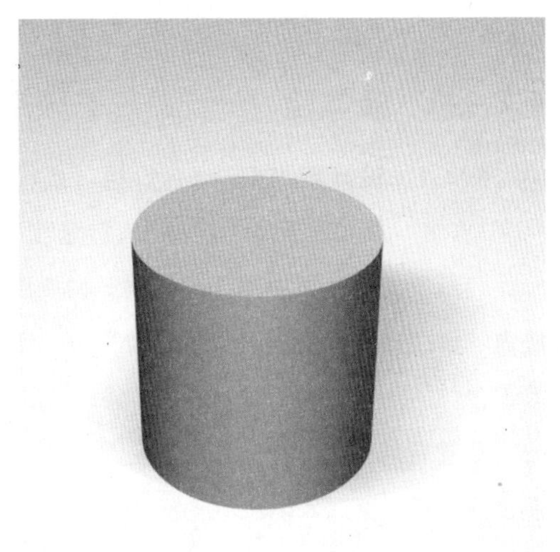

图 4–5　基本形

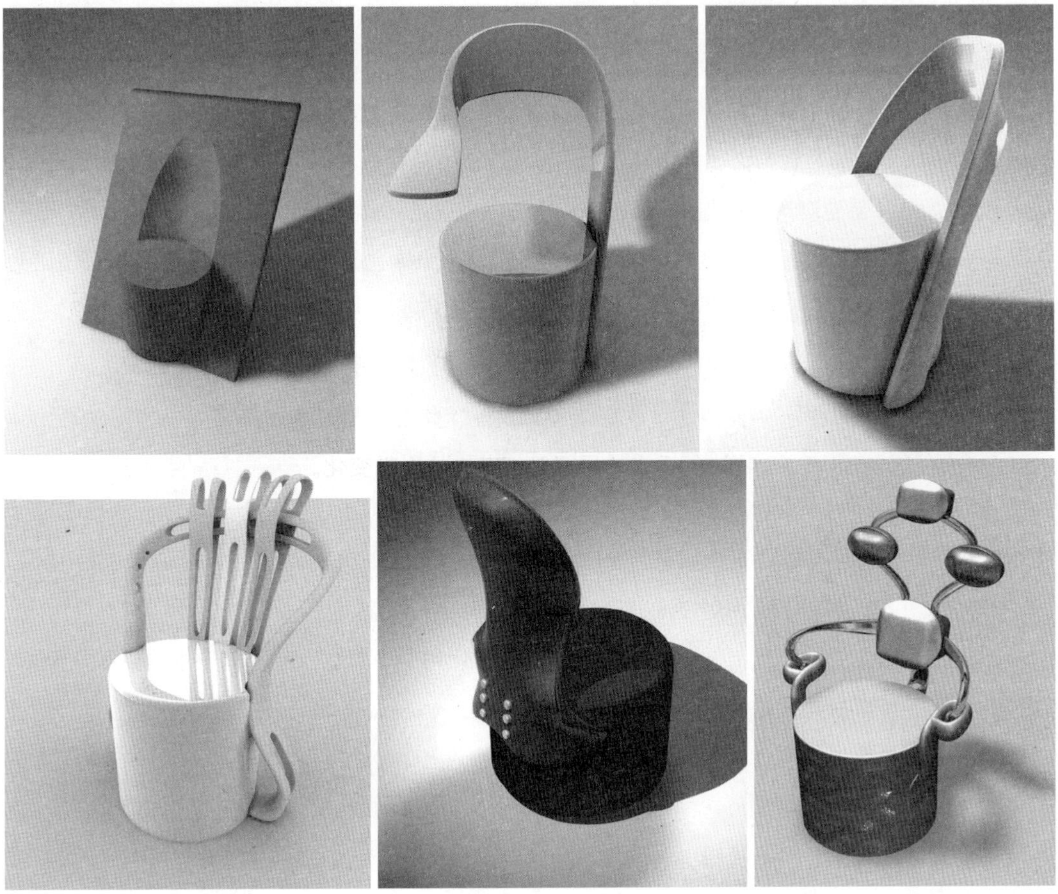

图 4–6　“倚”的设计系列

4.2 拆、装体验——产品形态限定分析与创意

4.2.1 设计案例 1——台灯拆、装体验及形态限定分析与创意

(作者：浙江理工大学艺术与设计学院 韩莎莎)

台灯是人们生活中用来照明的一种家用电器。它的工作原理主要是把灯光集中在一小块区域内，集中光线，便于人们工作和学习。目前市场上的台灯种类繁多，形态各异，有的甚至不限于台灯的基本功能，加入了很多娱乐意味。

尽管台灯的形态千变万化，但是它们的基本构件大同小异。下面我们通过对普通台灯的拆装过程分析，更深入明晰地了解台灯的一般构造，由此展开产品形态限定分析与创意的研究。

1. 产品拆装基本原理解析以及造型元素的分析

如图 4–7 所示，通过对台灯的拆装，可以了解普通台灯的结构其实非常简单，基本上由灯头、支架、底座这三部分组成。灯头则又由光源及其固定结构、反光板、灯罩等组成。底座则由开关、线路板、配重块、电线组成。产品的形状不管怎么变化，都要依托这些构件的存在，同时也要受限于它们。例如，光源大体可分为白炽灯、卤钨灯、荧光灯和 LED 灯等，不同的光源体积大小，照明效果不同，也约束着产品外观的设计。比如图中的台灯的光源是荧光灯，受其狭长灯管的影响，灯头部分的形态也与之相应。

设计之初，要先对产品的造型元素进行归纳，也就是明确哪些部位需要我们设计。光源、线路板和电线是固定因素，暂不属于设计的范围，只要为这些部件留出相应的空间即可（注意不同的光源体积大小、照明效果不同，设计时要考虑到光源的选择，以便预留相应的空间）。通过分析，我们从整体性上先将台灯的造型元素归纳为灯头、支架和底座三部分。

2. 产品基本形的变化方法分析

(1) 对各个造型元素进行基本形体的设计，再通过对所有造型元素进行位置的排列，数量的变化等达到设计的一个初步方案。设计时要把握整体的协调性，不要为了个体元素而忽略了整体。在设计过程中可以将相关元素整合，例如台灯的支架同时也可以是台灯的底座（图 4–8）。

(2) 使用方式、环境和相对技术的变化。

产品的设计还要分析你要针对的对象和产品所被使用的环境，以及现代技术的更新。例如，台灯的设计要考虑是儿童用的、学生学习用的、工程师画图桌上用的、卧室休息的地方用的还是客厅装饰用的等。这些因素同样影响着产品的外观设计，例如台灯的底座，平放在桌子上的还是夹在某处用的，就决定了它的形态是什么样子；使用对象是儿童，产品的形态可能要可爱圆润一些；装饰用的，可能要借鉴传统文化元素或现代时尚元素。触屏技术的应用，可以改变传统开关的外形，同时可以影响其他造型元素的外形（图 4–9）。

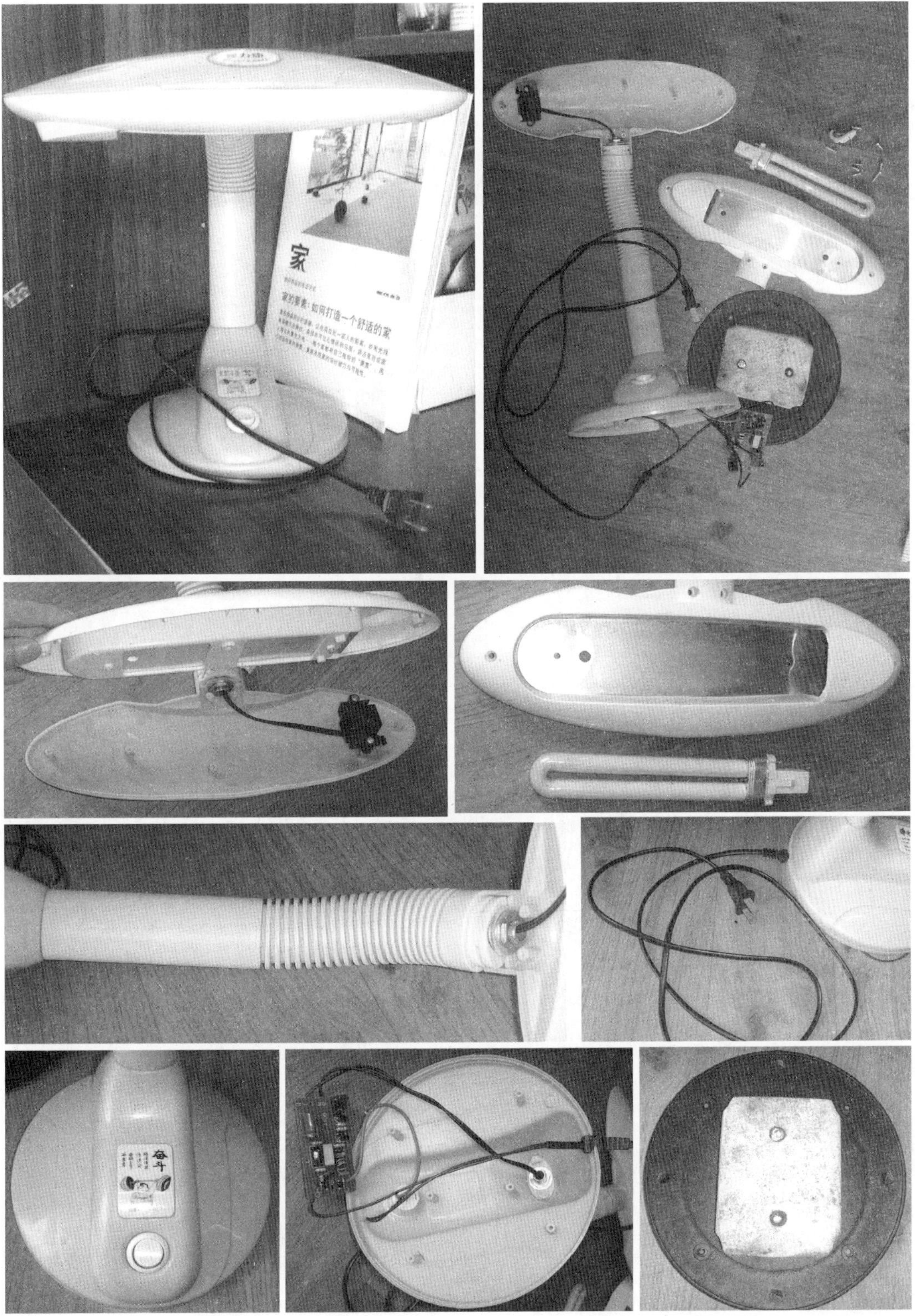

图 4–7　台灯拆装结构图

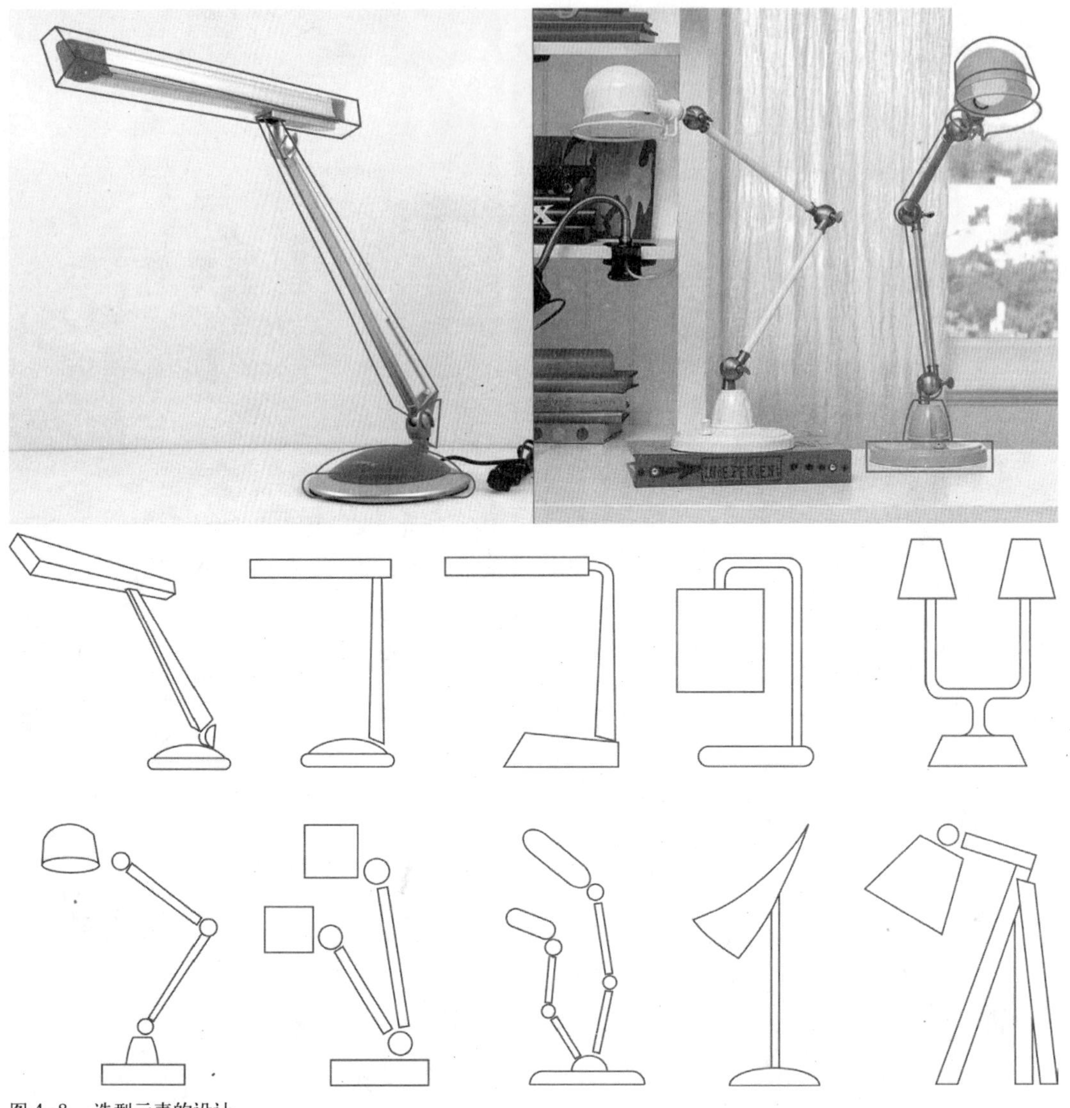

图 4-8　造型元素的设计

（3）形式的追求。

在追求产品的整体效果时，细节的丰富也是很重要的。例如上述图的灯头，现在只是一个简单的几何形，没有任何变化，通过对这些几何形的切削、叠加、扭曲等，达到丰富的设计效果。要注意细节和整体的相互照应（图 4-10）。

（4）材质和结构。

产品的设计离不开材料的依托，给产品的外形赋予不同的材质，所达到的效果也是不同的。产品的结构是造型元素连接的纽带，也是设计的细节部分。例如，台灯的支架有可转动弯曲的

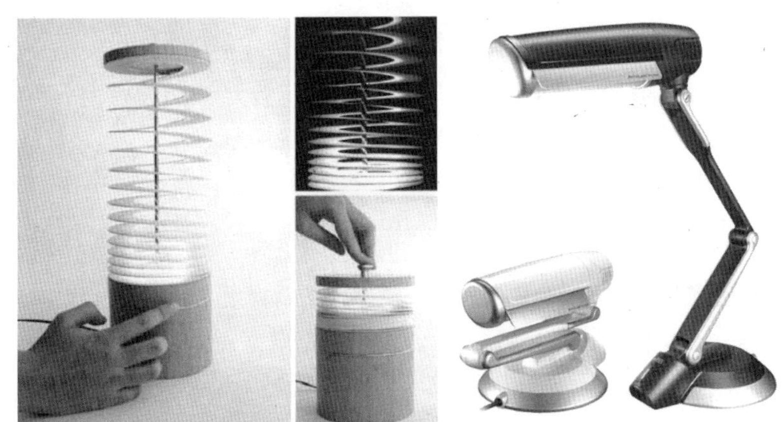

图 4–9　使用方式和环境的不同带来新的产品外观

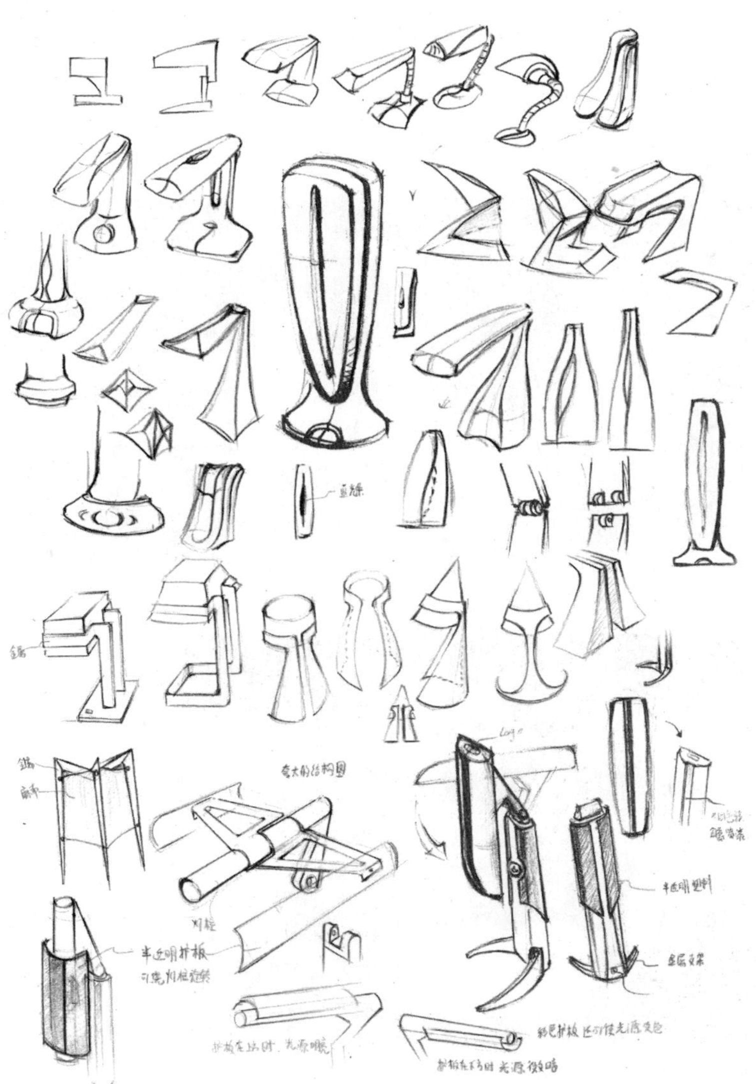

图 4–10　台灯草图设计方案

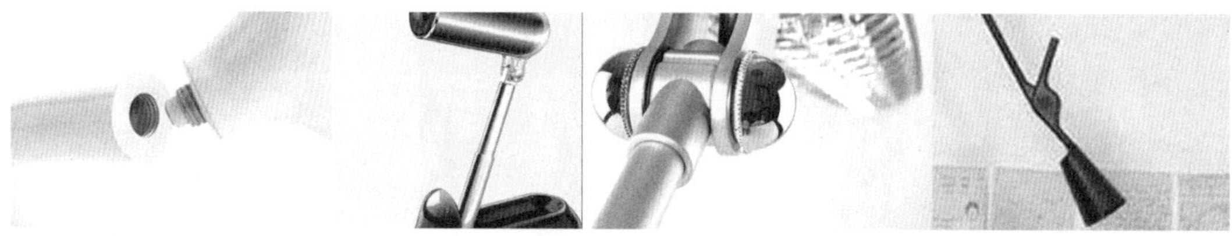

图 4–11　台灯结构

塑料金属件，也有坚硬的金属片和磨砂的塑料材质；台灯的结构有旋开的、扭转的、折叠的、拉伸的（图 4–11）。

（5）新产品的创新

台灯的设计早已进入成熟阶段，个性和带有娱乐性或某种寓意的台灯设计，受到更多消费者的喜欢。这时产品的设计要避免传统思维的影响，即不能单纯地局限于传统的外形，要发散。这时可以结合或叠加其他功能、加入某种主题意义、生活情趣等。例如，图“流泪的水滴”，将光源和生命很好地结合在了一起（图 4–12、图 4–13）。

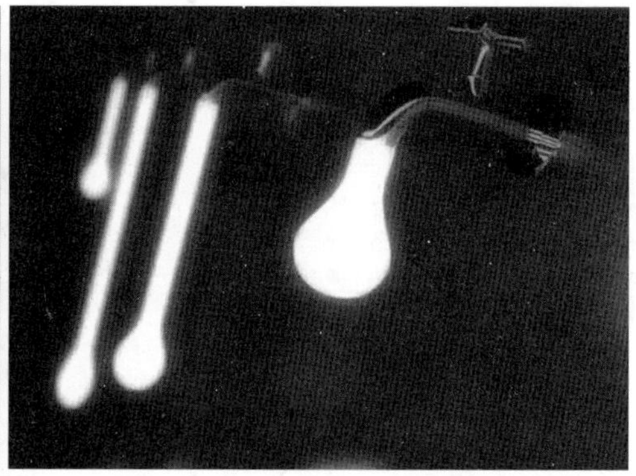

图 4–12　创意台灯设计

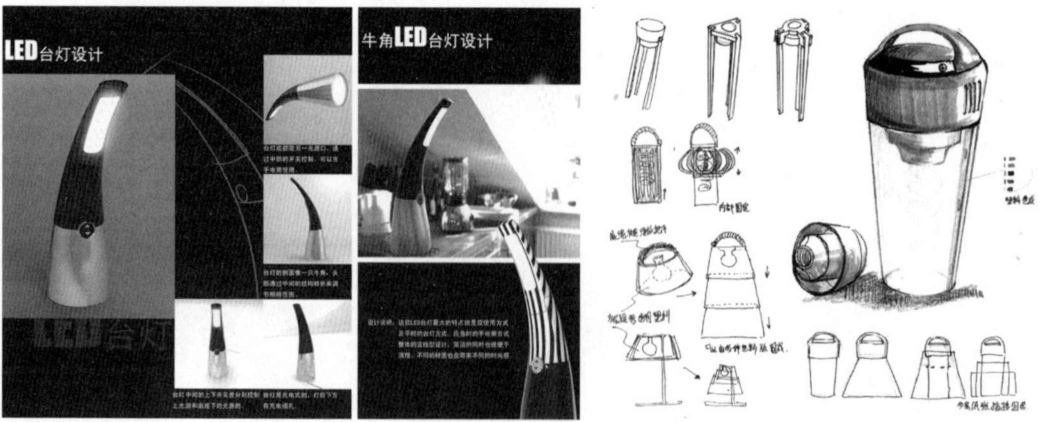

图 4–13　创意台灯设计方案

4.2.2 设计案例2——干电池式手电筒拆、装体验及形态限定分析与创意

（作者：浙江理工大学艺术与设计学院　蒋之炜）

1. 产品基本结构拆装体验与认知

（1）拆装图片解析

为便于理解，本文选取了国产经典虎头牌干电池式手电筒加以讲解（图4–14）。

手电筒一般主要由以下三大部分组成：电池仓、尾盖和灯头（图4–15）。具体由①镜片；②反光杯；③灯珠；④筒身；⑤尾盖；⑥干电池（另配）等组成（图4–16）。

灯头。可以看到灯珠的“正极”，它与灯座里的金属连接在一起（图4–17）。

尾盖。中间的部分具有弹性，可将电池紧紧压在一起，从而保证电路接触良好（图4–18）。

筒身（电池仓）内部。电池底座与电池仓绝缘，中间为绝缘材料。电池正极压在正中小圆金属点上。开关对应的是一个可移动的小金属片，往前推动开关，金属片前移接通电路，灯亮；反之灯熄（图4–19）。

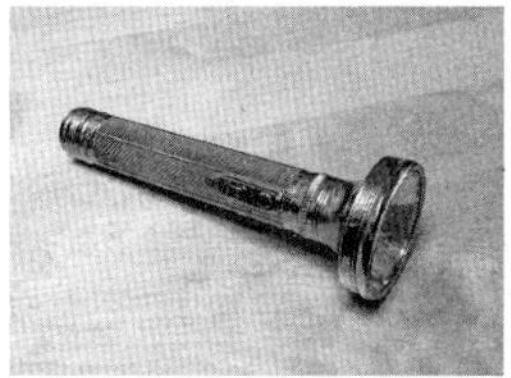
图4–14　手电筒外观

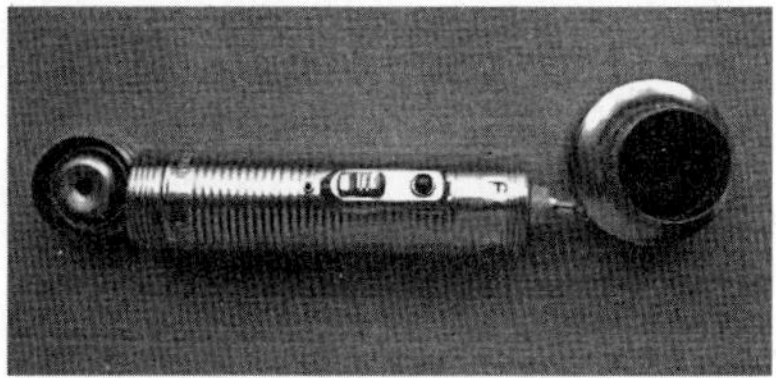
图4–15　手电筒组成部分分解

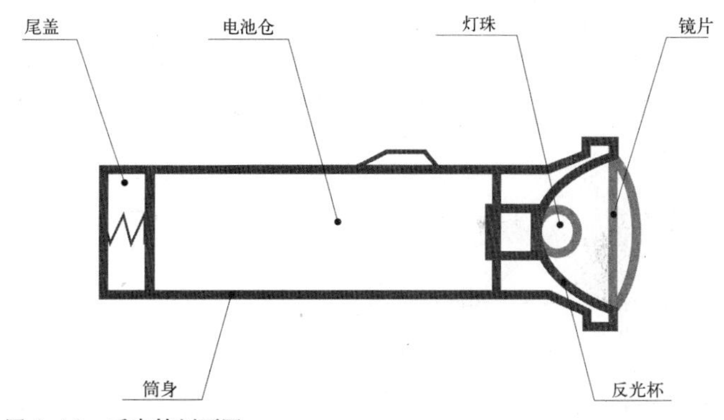

图4–16　手电筒剖面图

图4–17　灯头部分分解

图4–18　尾盖部分分解

图4–19　筒身内部结构

产品功能实现的原理为：开关的一端通过手电筒的金属外壳与电池负极相连，往前推动开关，当开关的另一端B与A接触时电路导通，灯珠亮。注意，一般的手电筒还有一个往下压的按钮开关：往前推开关至部分行程，此时A与B尚未直接接触（接触灯珠就亮了），这时下压按钮，使A与B接通，灯亮；松开按钮，灯熄，这样就得到间歇照明的效果，而推动开关到底得到的是常开和常闭的效果（图4—20）。

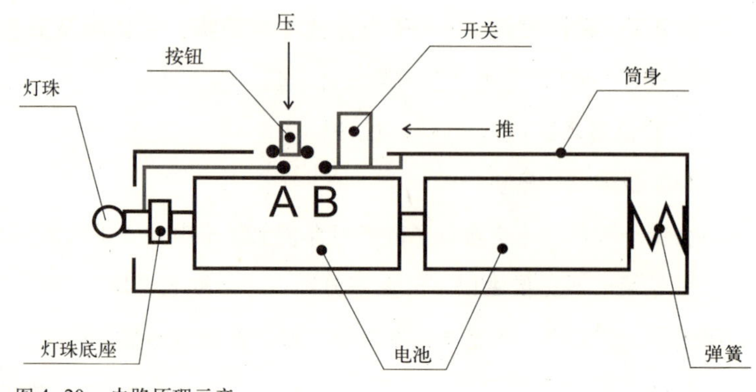

图4—20　电路原理示意

（2）基本元素分析与特征归纳

通过上述对手电筒产品的拆装体验，结合人机关系及其使用环境多样性的可能，其现有产品形态可归纳为以下几部分特征（图4—21～图4—23）。

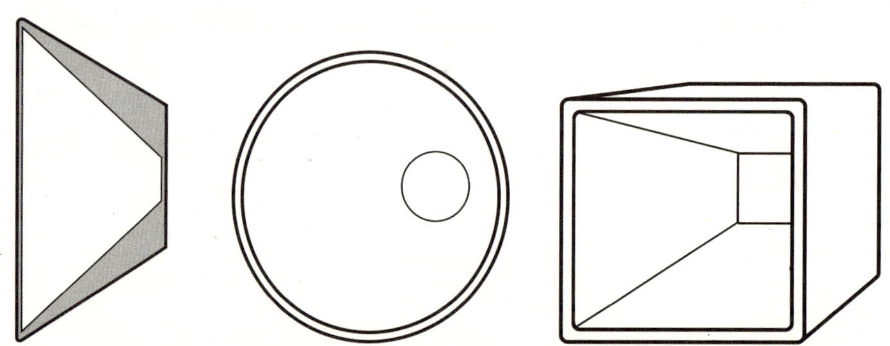
图4—21　基本元素1：灯头部分，基本几何形体为圆台体或方台体

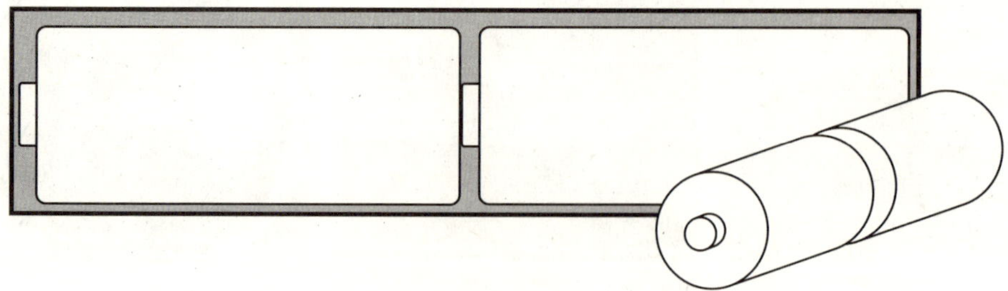
图4—22　基本元素2：筒身部分（含干电池），基本几何形体为圆柱体或长方体

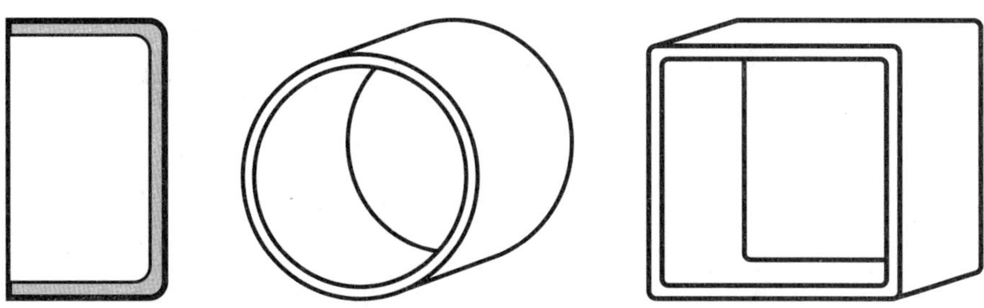

图 4-23　基本元素 3：尾盖部分，基本几何形体为圆柱体或立方体

2. 产品基础形态创意分析

对干电池式手电筒产品结构、基本元素特征有了总体把握后，即进入基础形态创意的分析阶段。通过对上述产品形态特征的审视及归纳，分析产品形态创意的基本方法。

（1）元素排列的变化（图 4-24）

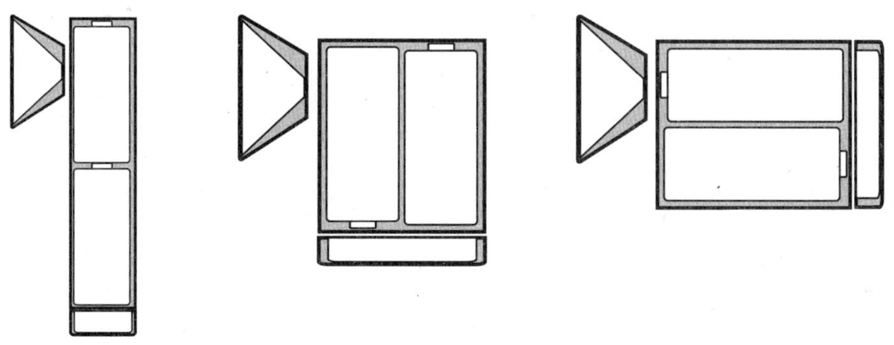

图 4-24　基本元素 2 中筒身与干电池采用独立安装方式

（2）元素数量的变化（图 4-25、图 4-26）

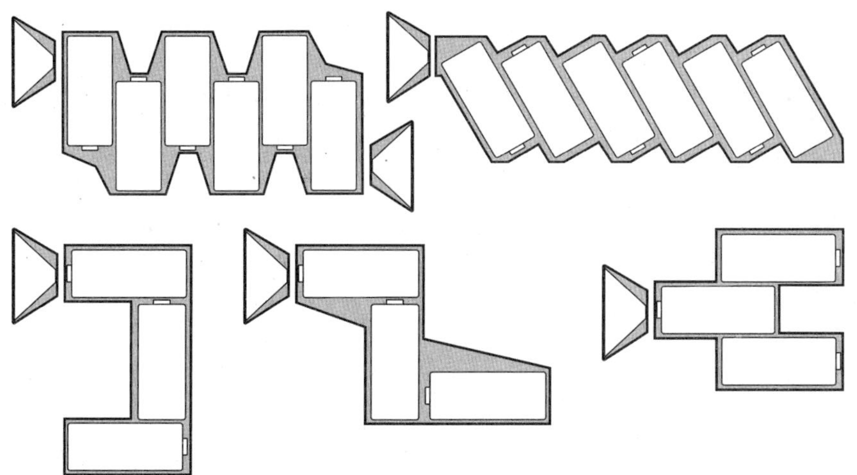

图 4-25　基本元素 2 中筒身与干电池采用嵌合安装方式

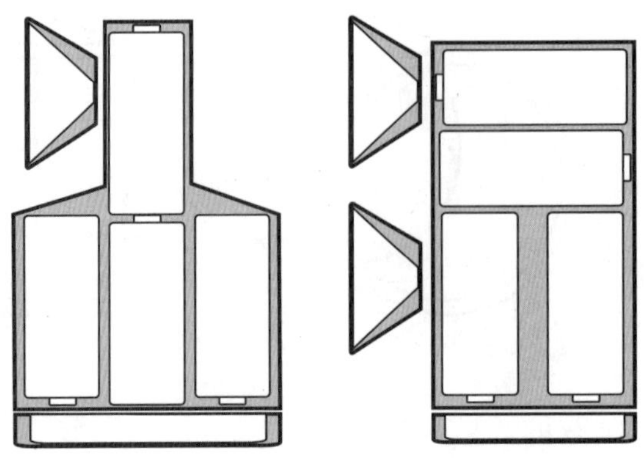

图 4–26 基本元素 2 中筒身与干电池采用独立安装方式

(3) 元素规格的变化（图 4–27）

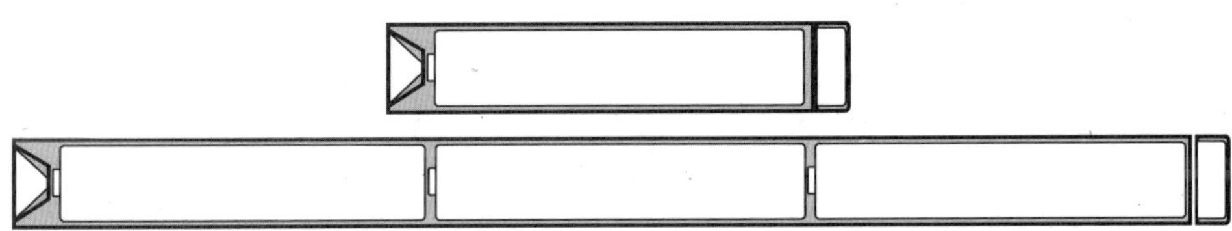

图 4–27 基本元素 1、2、3 长度、体积等规格改变

3. 产品创新形态创意分析

(1) 外部形状的多样性

改变手电筒圆柱形造型的固有观念，采用非圆柱形或其他几何形甚至异形的外观设计；将形态设计成长方体或立方体、三棱体、球体等。可作为照明工具使用，还可以作为镇纸等文房用具，如图 4–28 ～图 4–30 所示。

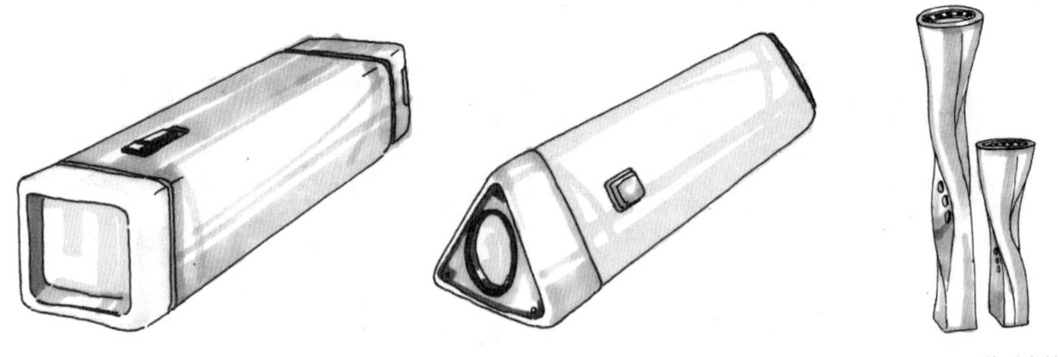

图 4–28 立方体手电筒　　图 4–29 三棱体手电筒　　图 4–30 异形体手电筒

(2) 使用方式的多样性

从产品使用方式的多样性创意其形态；将手电筒形态设计成方便使用的形式，如图 4–31 ～图 4–39。

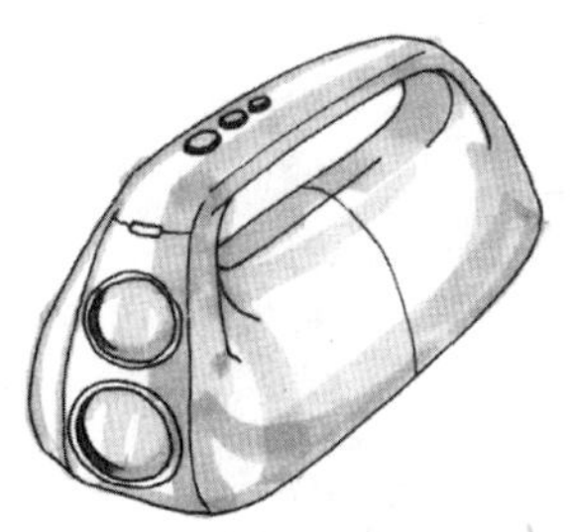
图 4–31 手提式手电筒

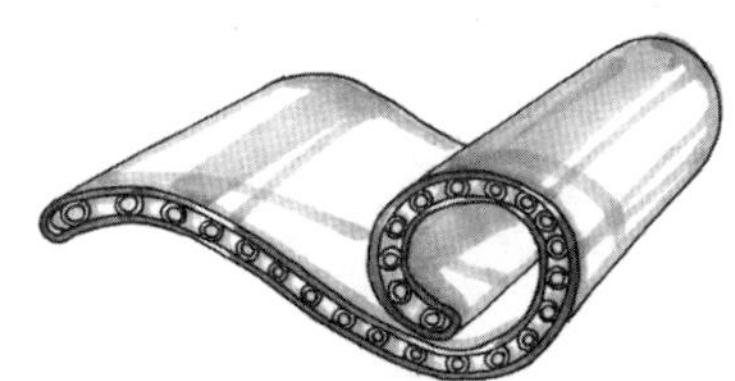
图 4–32 可卷式手电筒

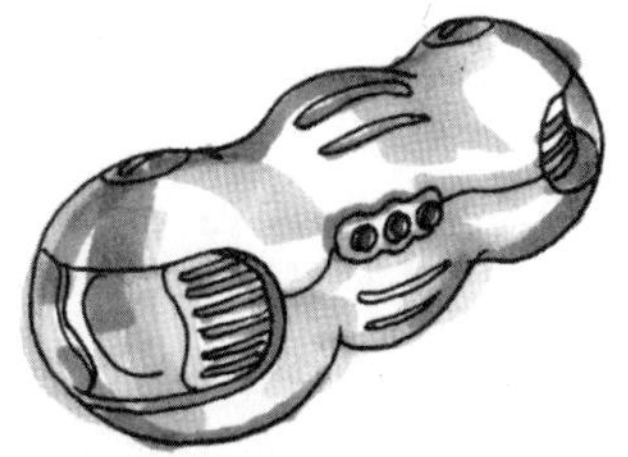
图 4–33 哑铃手电筒

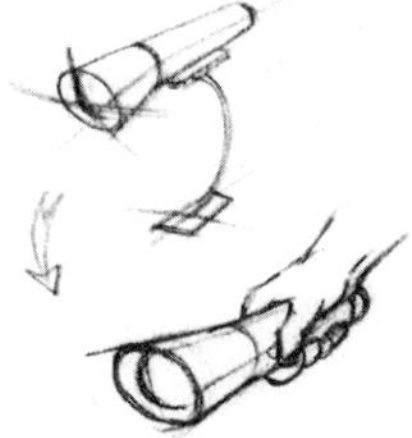
图 4–34 台灯式手电筒

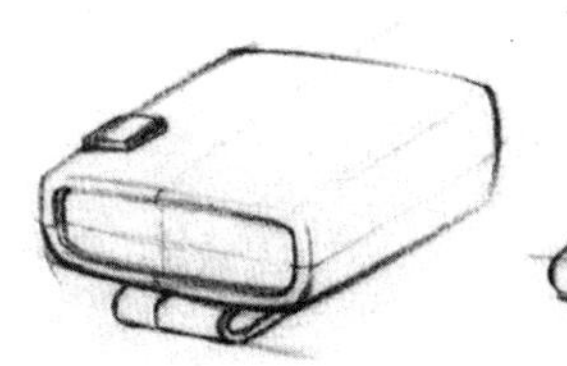
图 4–35 肩佩式手电筒

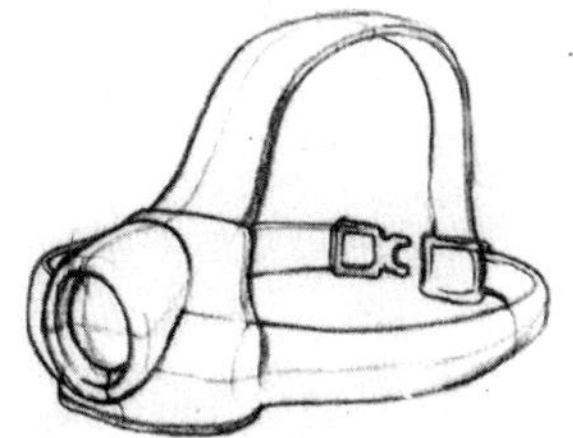
图 4–36 头戴式手电筒

图 4–37 腕表式手电筒

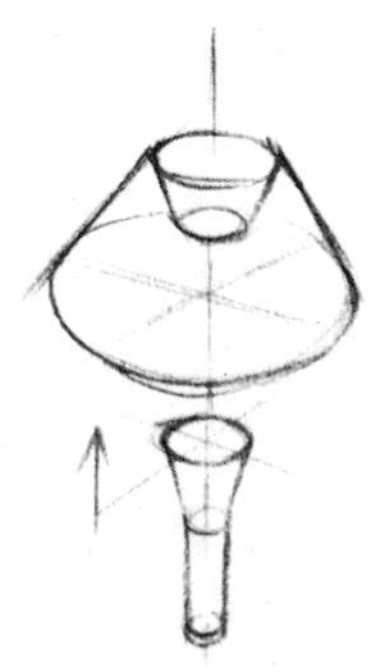
图 4–38 吊灯式手电筒

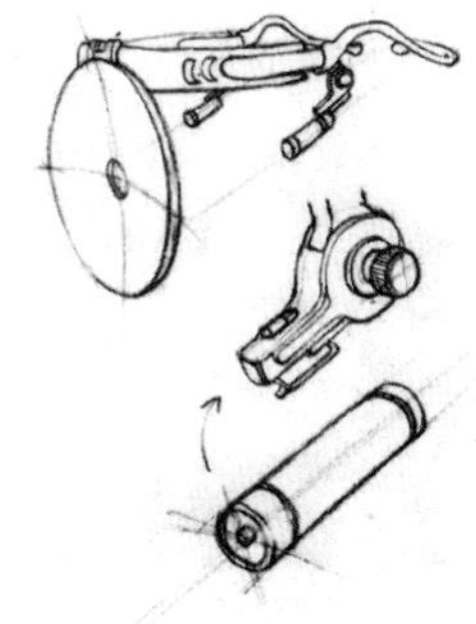
图 4–39 耳麦式手电筒

(3) 使用环境的多样性

从产品使用环境的多样性创意其形态；将手电筒设计成与环境结合及互动的形式，如图 4–40。

(4) 使用目的的多样性

从产品使用目的的多样性创意其形态；将手电筒形态设计成卡通人物或动物造型的小饰物或挂件，可用于广告宣传或公关赠品，如图 4–41。

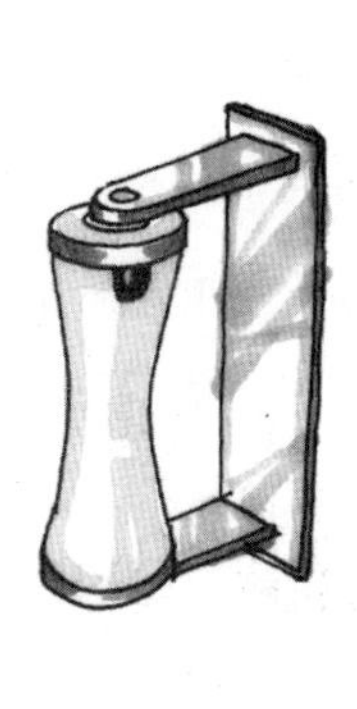

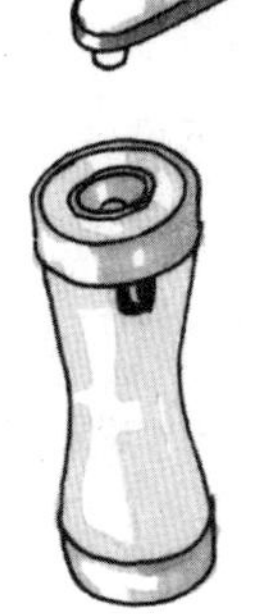
图 4–40 可分离把手式手电筒

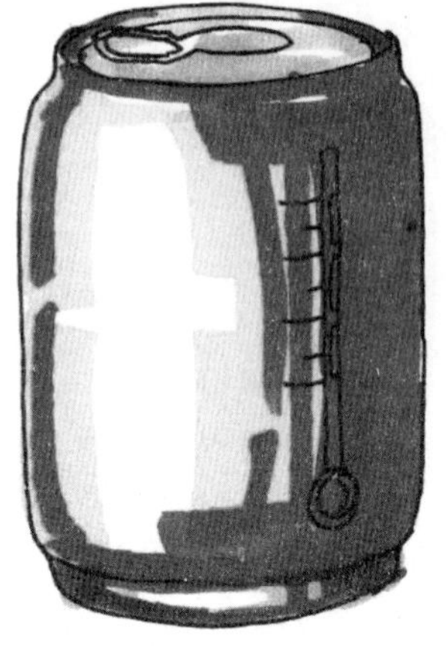

图 4–41 广告手电筒

4. 产品基础形态的审美要求——细节与整体

从美学角度出发，对产品形态做进一步的深化。同时，在细节上进行处理，使产品更易于使用，更符合人机关系（图 4–42 ～图 4–44）。

图 4–42 握把凹槽处理

图 4–43 调节环防滑压纹处理

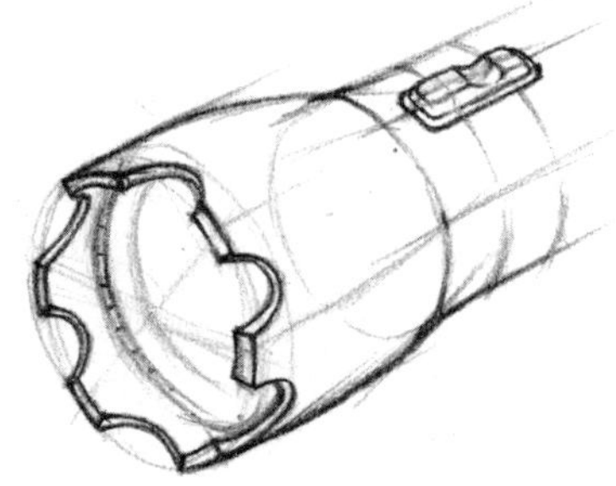

图 4–44 灯头防护罩处理

5. 产品设计创意实战

挑战极限永远是现代时尚青年的永恒追求，在进行户外运动时，一款具有多功能用途的手电产品必不可少。这款多功能专业手电除具备基本照明功能外，还具有摄像／摄影、录音及激光测距等实用功能；并且在光源和光度调节上采用电子智能控制；防水防爆，设计融入了专业军品元素，为专业人士、户外运动及旅游人士提供了高品质的个人装备（图 4–45）。

4.2.3 设计案例 3——手机拆、装体验及形态限定分析与创意

（作者：浙江理工大学艺术与设计学院 蔡志林 郭章）

1. 手机结构分析

手机发展到现在，技术已经不是手机设计的壁垒，这对我们产品设计师来说无疑是一个天

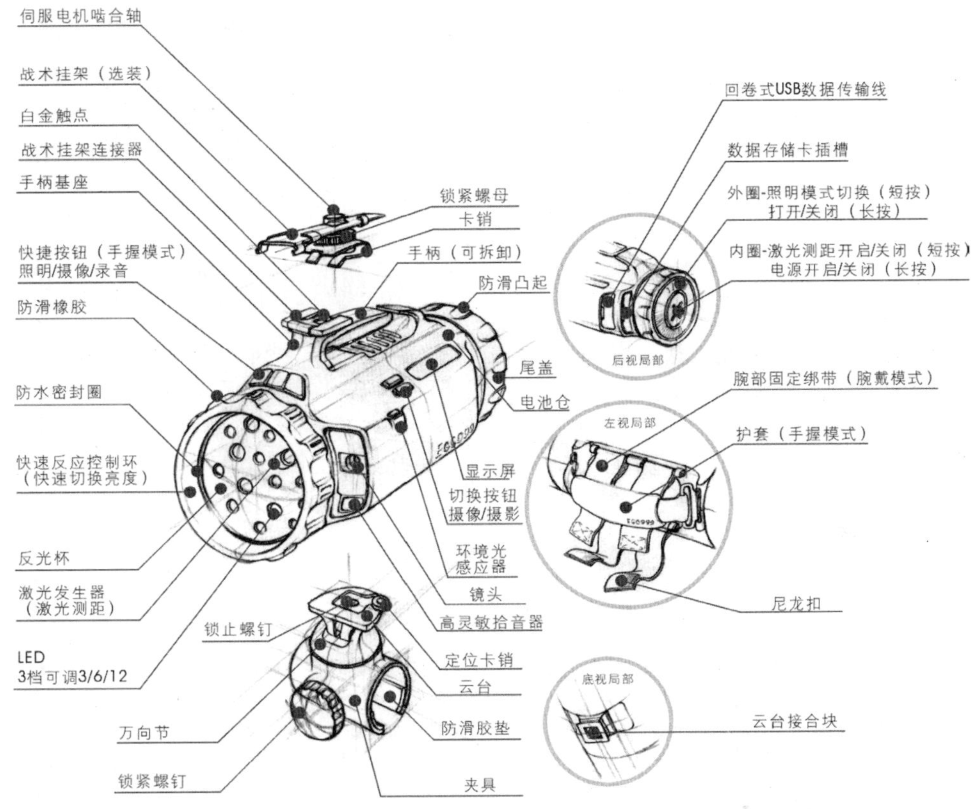

图 4–45　多功能户外手电设计

马行空展示设计想象的领域，手机技术的成熟也即意味着手机市场的需求在不断细化。手机的设计，我们可以从功能、形态、交互三个层面进行。

手机从结构类型上来看，主要有如下五种：

直板式；

折叠式；

滑盖式；

折叠旋转式；

直板旋转式。

一般手机结构主要包含几个功能模块：外壳组件，电路板，显示模块，天线，键盘，电池。但随着手机的具体功能和造型不同，这些模块又会有所不同，下面以几种常见手机为例来简单介绍一下手机上的结构部件（图 4–46）。

手机分解为按键部分、屏幕部分、手机上下盖部分。手机功能的实现是依靠手机各部分构件的有机结合而实现，具体来讲是手机的射频部分、逻辑部分和电源部分三部分协调工作的结

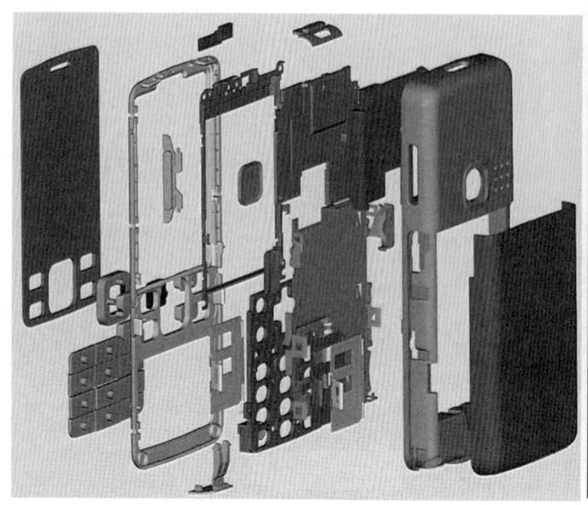

手机主要构件	
显示屏镜片	LCD LENS
前壳	Front housing
显示屏支撑架	LCD Frame
键盘和侧键	Keypad/Side key
按键弹性片	Metal dome
键盘支架	Keypad frame
后壳	Rear housing
电池	Battery package
电池盖	Battery cover
电池盖按钮	Button
缓冲垫	Cushion
照相机镜片	Camera lens

图 4–46　一款直板式手机的结构爆炸图及主要部件说明

果。产品功能实现的原理为：用户操作手机时，按键与手机内部的集成电路板接触产生电信号。此时内部集成电路将电信号转化为无线信号通过射频部分传发出去；手机射频部分接收到无线信号，便将无线信号传至逻辑部分，手机的逻辑部分便会将无线信号解码为人们所熟识的图像声像显示在屏幕上；以上操作都需要电源部分为其提供能量，为产品功能实现提供必须的动力。

设计一款新的手机，我们首先要从手机的基本构件入手，分析总结出能够进行改良设计的产品构件，整理归纳限制产品再设计的基本构件。在这里，手机的内部集成电路、手机的电池等构件不属于我们的设计范围，在外观设计时只需要考虑他们的尺寸大小，预留出空间便可。

2. 手机造型分析

直板手机（图 4–47）：

图 4–47　直板手机

直板手机的设计从造型元素上分析其基本形都是以矩形为主体，通过形体的比例进行变化，如图 4–48 所示：

滑盖手机（图 4–49）：

滑盖手机其设计主要是集中于手机结构上的改动（图 4–50）。

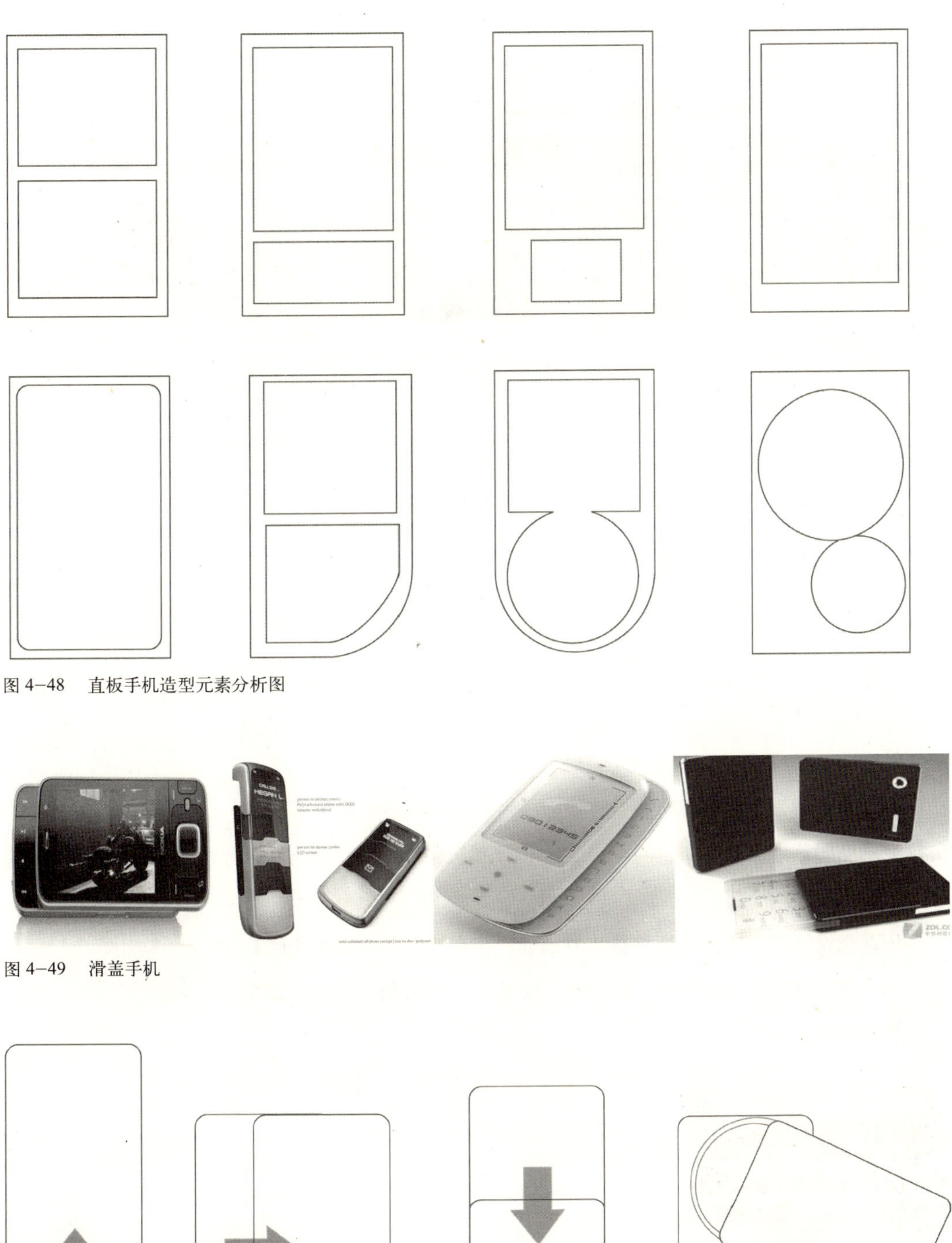

图 4-48　直板手机造型元素分析图

图 4-49　滑盖手机

图 4-50　滑盖手机结构示意图

翻盖手机（图 4—51）：

图 4—51　翻盖手机

翻盖手机的造型语言分析（图 4—52）：

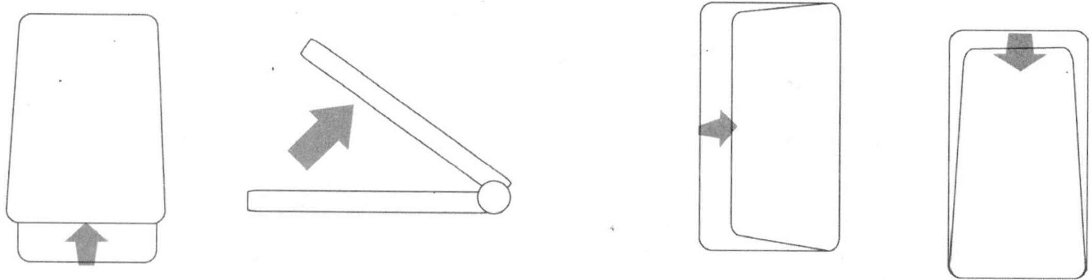

图 4—52　翻盖手机结构示意图

3. 青年时尚型手机创新设计

贝尔电话曾是电话的标准模式，但因技术发展的进步，数字信号成为现在传输语音的技术，贝尔电话也因此退出了历史的舞台，但人们依然记得转盘式的拨号方式，可以说拨号也就是这种电话的语言。

因此在设计中主要是将这种拨号方式融入现在的设计中（图 4—53、图 4—54）。

以上的几款方案，过多的注重语言的嫁接，从而使整个形体显得生硬和牵强。

方案阶段：

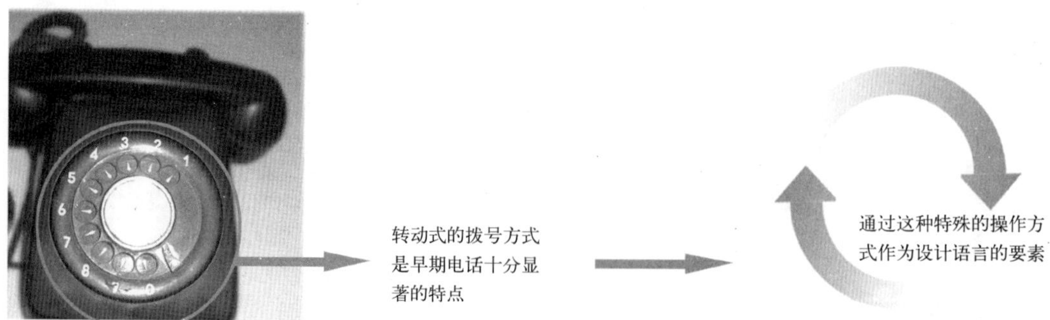

图 4—53　老式固定电话的拨号方式

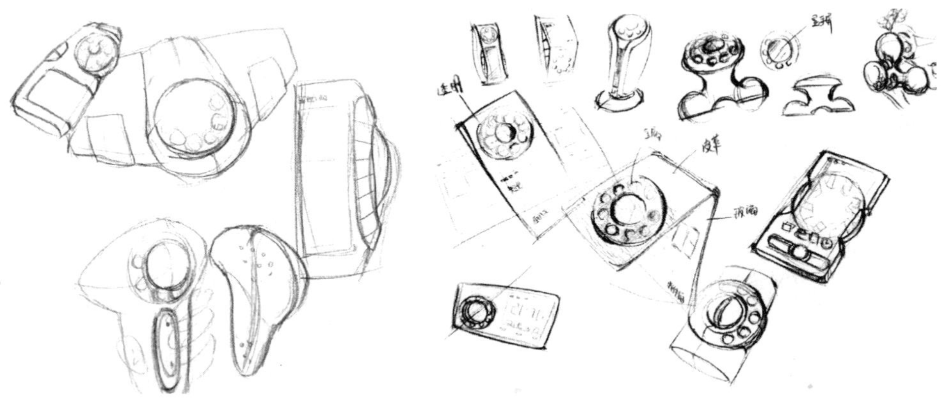

图 4–54　手机设计草案

方案一：

时尚、随意是设计的重点所在，在手持部分将操作区用圆形贯穿，体现了一种不破不立的内涵，同时棱角分明的形态正是那种具有张扬个性的消费者所亲密的形式（图 4–55）。

图 4–55　手机设计方案一

方案二：

将手机作为一种装饰品是设计的重点，小巧方便手机上没有通话区域，通话功能完成都是通过相匹配的耳机。拨号方式都通过拨动侧面数字区来完成（图 4–56）。

方案三：

简约、回归是设计的重点，滑盖式和翻盖式手机都有着两种形式的存在方式，即外表整体和内在操作区，这款手机外盖整体在不使用手机的时候是一面镜子，这非常符合那些注重时尚和爱美的给消费者的生活习惯，推开滑盖内部只是圆形的触摸屏，将每一个号码对应一种固定的颜色，十个数字十种不同的色彩突出了那种把玩时尚的青年消费者所注重的炫丽生活的追求心理。外表的简约又突出了手机具有的内敛气质（图 4–57）。

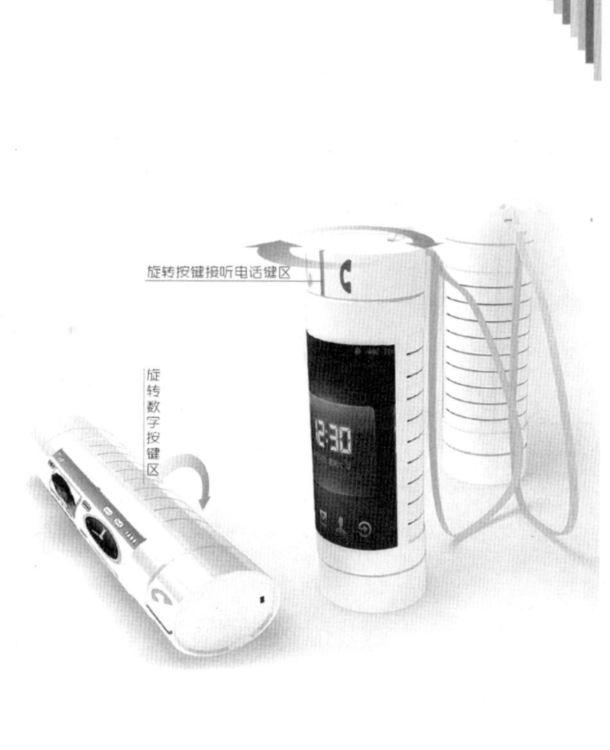

图 4−56　手机设计方案二

图 4−57　手机设计方案三

图 4–57 手机设计方案三（续）

4.2.4 设计案例 4——电磁炉拆、装体验及产品形态限定分析与创意

（作者：浙江理工大学艺术与设计学院 董艳）

1. 电磁炉拆装体验

目前市场上电磁炉的种类繁多，但原理和结构等技术层面却大都相同（图 4–58）。即电流通过线圈产生磁场，磁场内的磁力线通过含铁物质（铁锅、不锈钢锅、搪瓷锅等）的底部时，促使铁分子高速运动，产生无数小涡流，因此热效率高。如图 4–59 和图 4–60 所示，一款电磁

图 4–58 常见的电磁炉设计

图 4—59　电磁炉拆装图

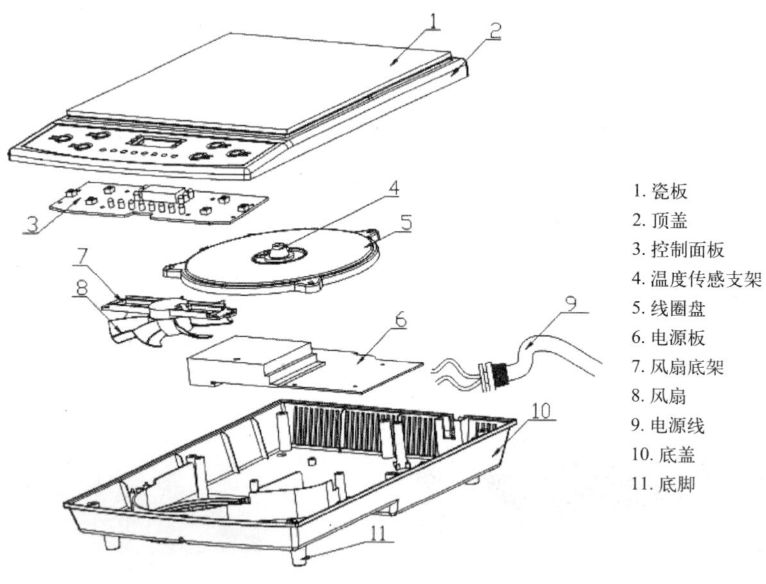

图 4—60　电磁炉结构图

炉的拆装图和结构图。市面上的电磁炉产品造型上没有太大变化，了解了它的基本结构和工作原理之后，要对其造型进行创新设计，可以从它的质地、颜色、形状、图案、大小等方面进行形态分析，从形态和功能上进行创新，设计出与众不同的新产品，创造更好的生活方式（图 4—59、图 4—60）。

2. 电磁炉创意设计分析

如图 4—61 所示，这是德国设计师的 Matthias　Pinkert 专为小厨房而设计的一款智能电磁炉，设计师通过流畅简洁的几何形，为电磁炉达到了理想的“瘦身”效果，不用的时候可以竖放，

图 4–61　专为小厨房而设计的一款智能电磁炉（设计师：Matthias Pinker）

由此可以节省很多空间。其另外一个特点是它内含一个扫描仪，能够读取一些食品包装上的RFID 芯片，为人们提供烹调的时间和温度等（图 4–61）。

产品形态创意的空间不是局限的，如图 4–61 所示，这是一种组合形态的电磁炉设计，它打破了传统的形式和方法，利用谐振感应的原理来发热。在台面下面有传导线圈，每个盘子中有接收线圈，因此，烹饪盘可随意被放置于台面的任意位置，而不需要被固定住。另外，它们的隔热性能很好，加热完成后甚至可以立即用手端起都不会有烫伤的危险，使用过程很安全（图 4–62）。

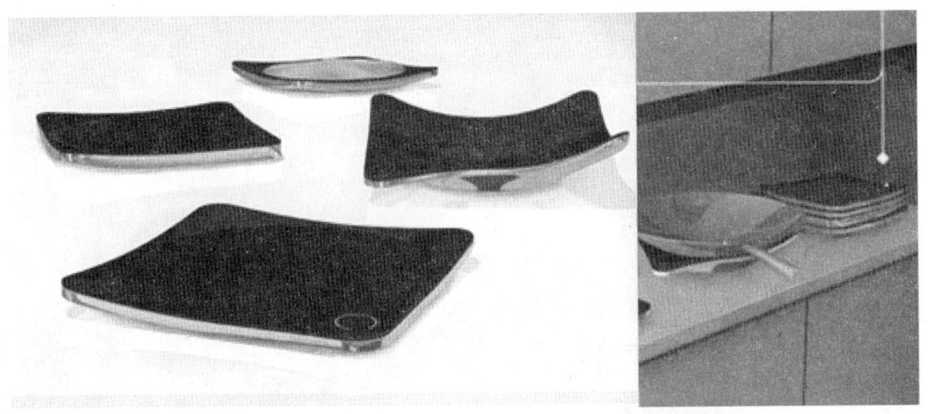

图 4–62　一种组合形态的电磁炉设计（设计师 :David Barry & Laurence Finnegan）

3. 电磁炉形态限定创意设计实践

在了解了电磁炉的基本原理和内部结构之后，对其形态进行重新设计，通过草图构思，方案确定最终进行模型的创建。下面是作者的几个案例的设计过程。

（1）草图（图 4–63）

（2）方案效果图（图 4–64）

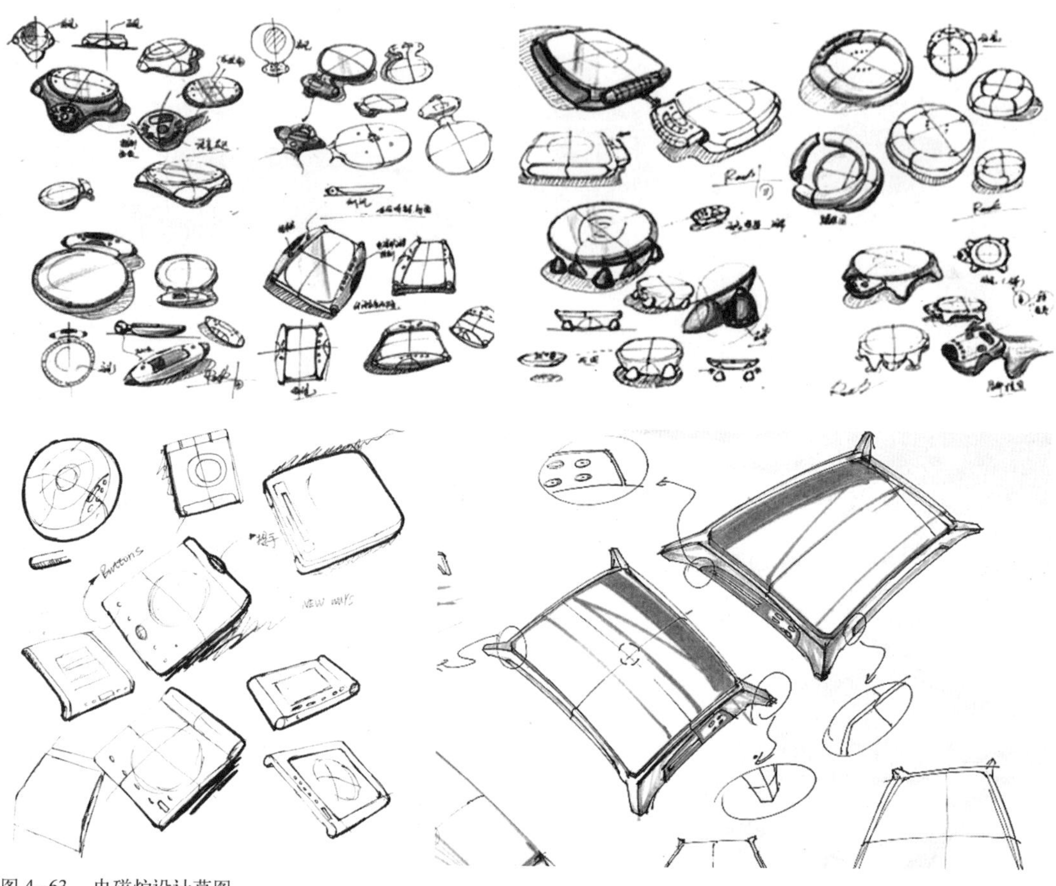

图 4–63　电磁炉设计草图

图 4–64　电磁炉设计效果图

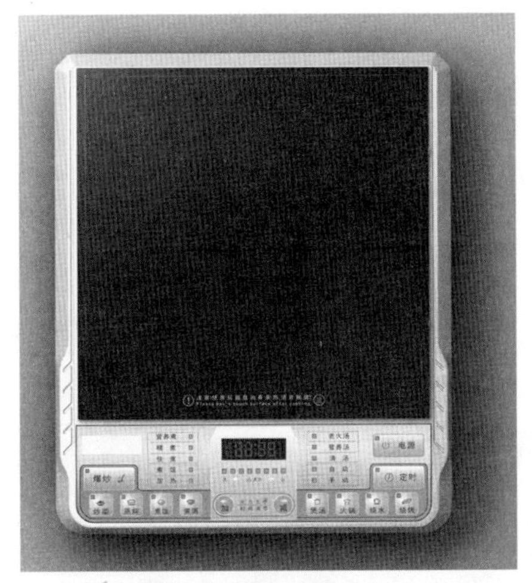

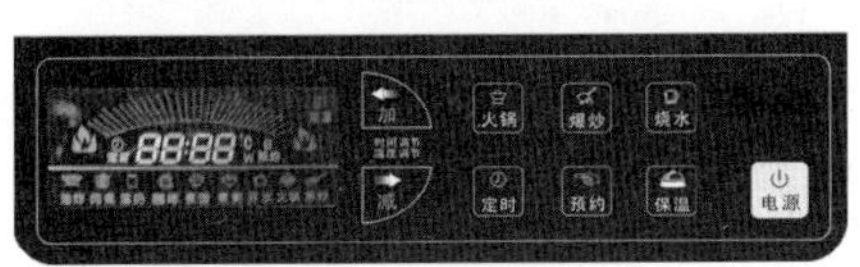

图 4-64　电磁炉设计效果图（续）

4.2.5　结语

产品多种多样，但其构成却是来源于基本元素的多样化构建。基础设计为产品创新找到一条基本的途径。通过元素的打散重构，在排列顺序、数量增减、使用方式不同等方面找到设计灵感，从而顺利实现产品的创意设计。在对现有产品进行形态和结构特征分析的基础上，充分理解产品设计的限定条件和依据，选择和确定那些可以加以重新设计和改进的部分，从外观、结构等方面进行思考。这一过程是以产品的人机关系为导向，建立在科学思考基础上的设计重构过程。

参考文献

[1] 辛华泉. 形态构成学. 北京：中国美术学院出版社，1999.
[2] 辛华泉，张柏萌. 立体构成. 湖北：湖北美术出版社，2002.
[3]（日）高山正喜久. 王秀雄译. 立体构成之基础. 台湾：大陆书店，1971.
[4]（日）朝仓直巳. 林征，林华译. 艺术 · 设计的立体构成. 北京：中国计划出版社，2000.
[5] 吴祖慈. 产品形态学. 江苏：江苏科学技术出版社，1991.
[6] 刘国余，沈杰. 产品基础形态设计. 北京：中国轻工业出版社，2001.
[7] 任仲泉，舒剑平. 立体设计. 江苏：江苏美术出版社，2001.
[8] 沈黎明. 现代立体形态设计. 上海：东华大学出版社，2004.
[9] 杨大松. 立体形态设计基础. 安徽：安徽美术出版社，2003.
[10] 胡飞，杨瑞. 设计符号与产品语义. 北京：中国建筑工业出版社，2003.
[11] 陈志华. 外国建筑史——19世纪末叶以前. 北京：中国建筑工业出版社，1997.
[12] 宫六朝. 工业造型艺术设计. 石家庄：花山文艺出版社，2002.
[13] 吴翔. 产品系统设计. 北京：中国轻工业出版社，2000.
[14] 吴永健，王秉鉴. 工业产品形态设计. 北京：北京理工大学出版社，1996.
[15] 王明旨. 产品设计. 北京：中国美术学院出版社，1999.
[16] 谢大康，刘向东. 基础设计——综合造型基础. 北京：化学工业出版社，2003.
[17] 陈浩等. 语意的传达——产品设计符号理论与方法. 北京：中国建筑工业出版社，2005.
[18] 陈汗青. 产品设计. 上海：华中科技大学出版社，2005.
[19] 王方良. 设计的意蕴. 北京：清华大学出版社，2006.
[20] 于东玖. 造型设计初步. 北京：轻工业出版社，2008.
[21] 李乐山. 工业设计思想基础. 北京：中国建筑工业出版社，2007.
[22] http://www.cantongs.com.cn/articles/classic-card-head-flashlight.html.